JN200112

かんたん！ 安全！

70歳から楽しむスマホの使い方

川島 玲子

はじめに

この一冊でスマホが使えるようになる！

こんにちは！　はじめまして、川島玲子と申します。パソコンやスマートフォン（スマホ）の講師をしており、ＹｏｕＴｕｂｅ（ユーチューブ）でも講座の動画を発信しています。

この十数年は3人の子育てに追われ、毎日を楽しく、忙しく奔走してきましたが、そんな私も気がつけばシニアの仲間入り。子どもや孫と、スマホでビデオ電話をすることが楽しみのひとつです。

東京で小さなパソコン教室をはじめた頃は、赤ちゃんだった娘を背中におんぶして仕事をしたものです。受付に座っている娘を生徒さんがあやしたり、講座の合間に遊んでくださったりと、温かい雰囲気で教室運営ができていました。そしてその頃に、あるシニアの生徒さんから「**先生の授業はとてもわかりやすいので、シニア向けの講座も作ってほしい！**」というご要望をいただきました。

最初は「**シニア向けって、いったいどのような内容がよいのだろうか**」とたくさん考えて、たくさん悩みましたが、多くの生徒さんとお話しをさせていただいたり、授業の反応を見て改善したりすることで、シニア向けの講座を作ることができました！

これまでに、私の講座を受講してくださったシニアの方は延べ10万人を超えます。50代から90代まで、本当にたくさんの方に受講していただきました。そして、多くの方に「**この講座のおかげで、スマホを毎日、楽しく使えるようになりました！**」と、とても嬉しい声をいただけるようになりました。

教室やYouTubeチャンネルで、たくさんの方にスマホの使い方を教えるなかで、シニアならではの悩みで最も多いのは「**なんとなく、よくわからない**」「**なんとなく、不安**」というものであることがわかりました。

本書ではこういった「**漠然とした悩み**」について具体的に丁寧に解説していきますので、どうぞ安心して読み進めてください！

あなたの「わからない」に寄り添います

世の中には、「スマホの使い方」を紹介する解説書がたくさんあります。でも、**壊したら嫌だし、覚えるのも大変だから、使いこなせなくてもいいかな**。このように考えている方が多いのではないでしょうか。他にも、

「家族に聞いても喧嘩になる」

「息子や娘は仕事で忙しそうだし、遠くてなかなか会えないから聞けない」

このように感じている人も多いと思います。

では、購入したお店に行ったら解決できるでしょうか。生徒さんの中には、
「お店の人に聞くには、予約が必要だったり、料金がかかったりする」
「何を教えてもらいたいのか、上手く言葉にできないから」
このように困っている人もいました。

このままでは、「本当は何がわかっていないのか？」がわからないままです。購入店のスタッフさんやお子さんは教えるプロではありません。困り事のひとつを解決してもらっても、その次、あるいはその手前をわかっていないので**苦手がずっと続きます**。

では、どうすればいいのでしょうか。

少し耳が痛い方もいらっしゃるかもしれませんが、スマホを使いこなすのに大切なことは、意外と簡単です。それは、ご自身の考え方をほんの少しだけ変えることです。「**若くないからもうできない**」「**デジタルはなんとなく苦手**」そのように思っている方がいらしたら、ぜひ私と一緒に解決してみませんか。

「やればできる」に意識を変える

考え方を変えるためにも、「スマホと仲良くなるコツ」をぜひ知っていただきたいです。

その第一歩は、**どんな場面で使うかを想像すること**です。「機能の使い方」を覚えても、「使い道」がわからないと意味がありません。**操作手順を丸暗記したところで、使わなければ忘れるのは当たり前**です。

本書では、シニアだからこそ悩むスマホの難しさに寄り添い、**その操作が生活の中でどう役立つのか**を解説することに力を入れました。相手に興味を持てば、おのずと「ここが知りたい」と意欲もわくものです。

私の父がよく言っていた、大好きな言葉を贈ります。

「やればできるので　あります」

あなたにとって、スマホが優しくて頼もしい、大切な存在になることを願って……。

目次

第2章　楽しみが広がる！　スマホのいろいろな使い方

第4章

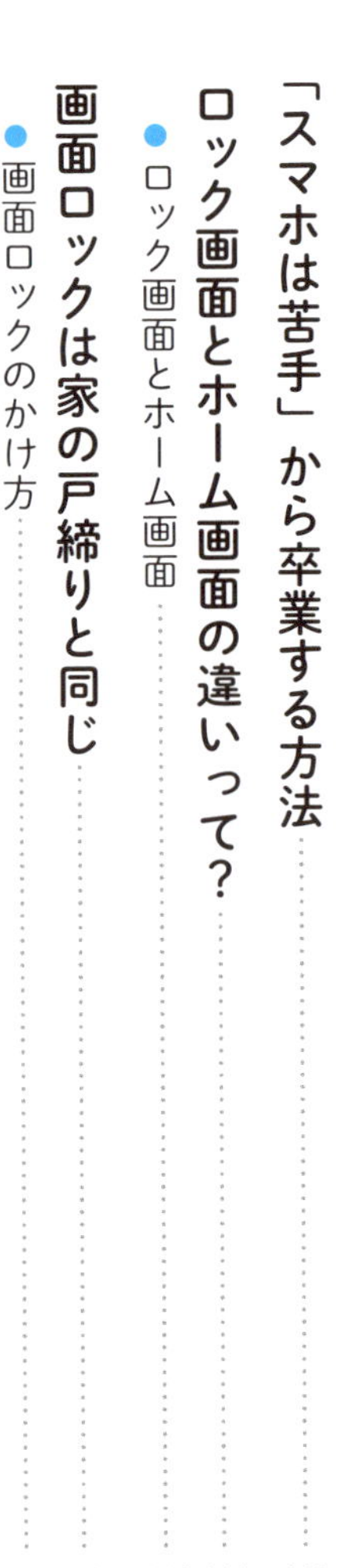

スマホのよくある悩み事、すべて解決します！

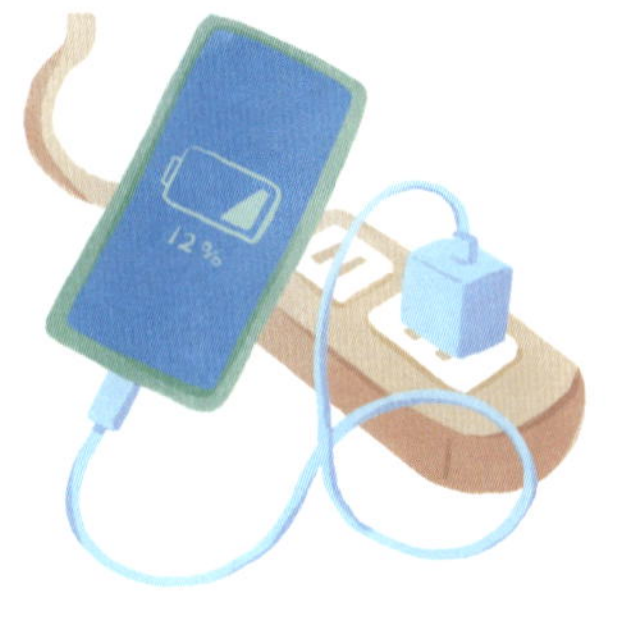
12%

＼別冊付録／

便利な「パスワード整理ノート」の使い方

増え続けるIDやパスワードを覚えるのは大変です。でも、安心してください。本書の別冊付録「パスワード整理ノート」を利用すれば、かんたん・安全にIDやパスワードを管理できます。

もう忘れない!

パスワード整理ノートの記入方法

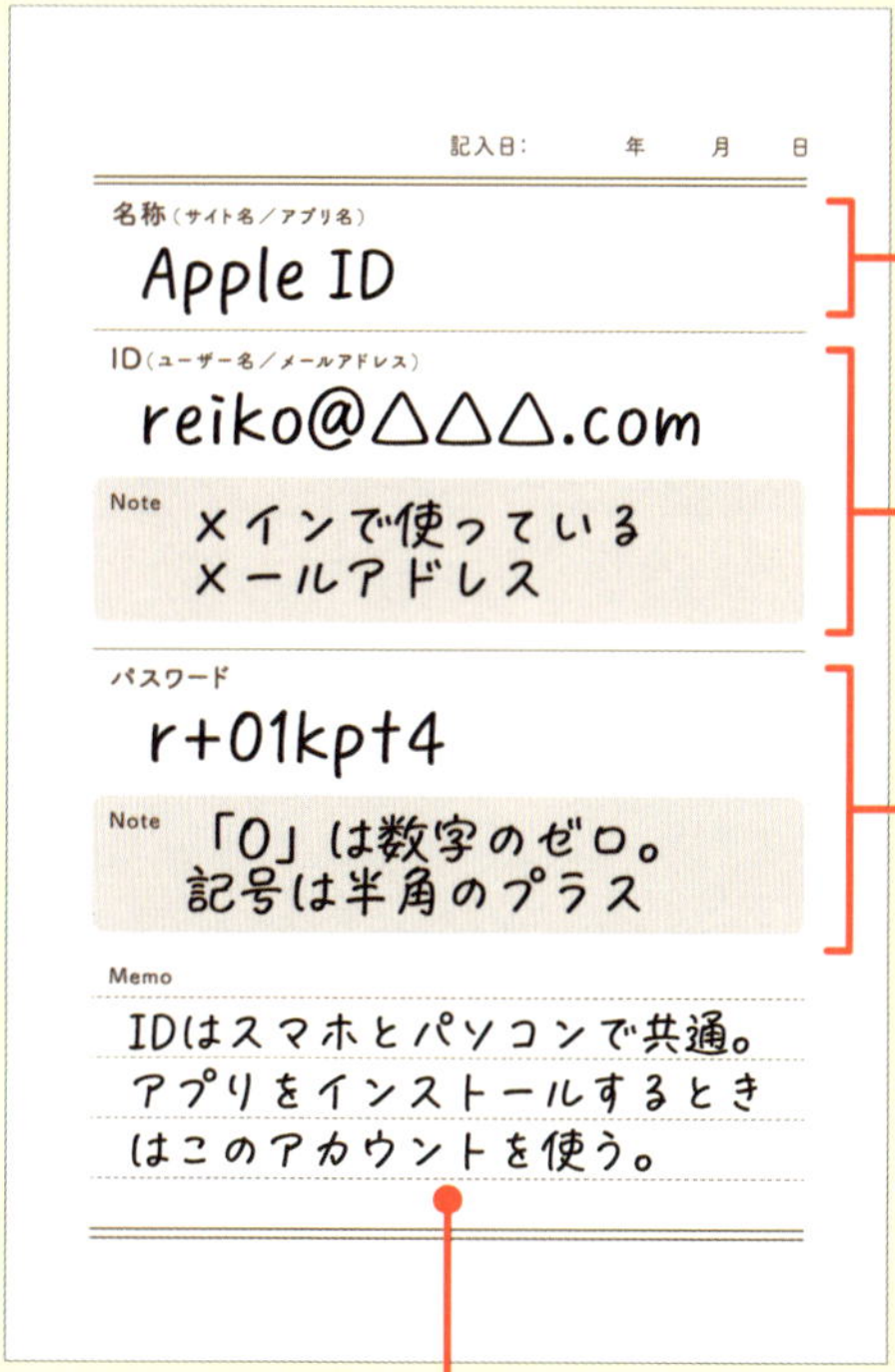

記入日：　　年　　月　　日

名称（サイト名／アプリ名）
Apple ID

ID（ユーザー名／メールアドレス）
reiko@△△△.com

Note
メインで使っている
メールアドレス

パスワード
r+01kpt4

Note
「0」は数字のゼロ。
記号は半角のプラス

Memo
IDはスマホとパソコンで共通。
アプリをインストールするとき
はこのアカウントを使う。

名称（サイト名／アプリ名）
アプリ名やサービス名を記入する。「LINE」や「Apple ID」「Google」等。

ID（ユーザー名／メールアドレス）
ID（アカウント名）を記入する。独自の名前を設定する場合と、メールアドレスが設定される場合がある。

パスワード
パスワードをそのまま記入するか、または「下の名前＋誕生年月日」のように、自分だけが思い出せるキーワードを記入する。英語の大文字・小文字や記号は丁寧に書く。

記入内容に注意点がある場合は「Note」や「Memo」に記しておく。（詳しくは、208ページを参照）

第1章

スマホを使いこなせば、人生はもっと豊かになる！

シニアを支える「魔法の杖」

「**転ばぬ先の杖**」とは、先人の方が残したとても素晴らしい教えです。

ご先祖さまは昔から、日本の豊かな自然の中で、いろいろな工夫を凝らしながら、感謝の念を持って生き抜いてこられました。近年、いくつもの大災害に見舞われましたが、私たちは伝授されたたくさんの知恵を活かしながら、「常に備えよ！」を心がけて乗り越えてきました。たとえば、

飲料水・非常食・簡易トイレ・備品

などです。しかし、現在は転ばぬ先の杖として新たに「魔法の杖」が登場しました。それが手のひらに収まる**デジタルの魔法の杖、スマホ**です。

専門家のお話では、スマホは災害時にも重要な存在だとしています。

- **安否確認**
- **情報収集**
- **緊急通報と医療支援**
- **津波や地震速報・Ｊアラート　など**

東日本大震災のとき、母の家の固定電話がつながらなかったときに、スマホを使って話したことを記憶しています。緊急事態として、インターネット契約をしていなくても使えるよう提供されていたため、スマホからインターネット経由で電話をかけて、無事を確認できました。

備えというなら、電源の供給もできるよう、別途スマホのバッテリーの用意も必要でしょう。私は常に予備のバッテリーを充電して用意しています。何事もなく使わなかったらそれはそれで良かったと思うようにして、感謝するようにしています。

スマホを使えば安くなるものがある

ある日、生徒さんが利用料金の明細書を持っていらっしゃいました。

「これまでは無料だったのに、今後は郵送代がかかるようになった」

「でも、スマホを使うと引き続き無料で明細を確認できるらしい」とおっしゃるのです。

このように、スマホを利用することでお金が安く済むものがいくつもあります。

- **宅急便をスマホで入力して送ると割引がある**
- **スマホを使うと銀行の振込手数料が安くなることがある**
- **車の給油アプリを使うとガソリン代が安くなる**

これらはほんの一例です。世の中にはスマホを利用することで安くなるサービスがたくさんあります。スマホを使った無料サービスに移行するのも賢い選択だと思います。

2種類のスマホ

あなたのスマホは何ですか？

少し前になりますが、長野県に住んでいた頃に「ｉＰｈｏｎｅ（アイフォン）講座」と名前を付けて生徒を募集したことがあります。すると、実際に応募された方の中に数名Ａｎｄｒｏｉｄ（アンドロイド）のスマホの方がいらっしゃいました。何度か募集しましたが、必ずＡｎｄｒｏｉｄスマホの方が応募されてきました。

「お使いのスマホがｉＰｈｏｎｅではないので、少し説明と異なることがありますが大丈夫でしょうか？」と聞いてみると

「え？　私のスマホはｉＰｈｏｎｅですけど！」

とおっしゃって、一歩も引かないのです。

スマホは大きく、ｉＰｈｏｎｅとＡｎｄｒｏｉｄに分けられます。見分け方は簡単です。**背面に「リンゴのマーク」があればｉＰｈｏｎｅで、それ以外はＡｎｄｒｏｉｄです**。ｉＰｈｏｎｅはアップル社の製品で、Ａｎｄｒｏｉｄは国内外のさまざまな会社が作っています。アップル社のｉＰｈｏｎｅは「知恵の実」でもあるリンゴを少しかじったマーク。Ａｎｄｒｏｉｄは「アンドロイド」という人型ロボットからきています。

両者のおすすめポイントとシニア向けスマホ

ｉＰｈｏｎｅは、昔から使い方がほとんど変わらないので**一度操作を覚えたらその使い方でずっと使えます**。わからなくなったらお子さまやご友人などに聞いても教えてもらいやすいですし、**直営店や電話によるサポートが丁寧**だという定評もあります。

対して、Ａｎｄｒｏｉｄは商品の種類が多く、**予算に合わせて商品を選べる**という利点があります。大きさも見た目も、個性豊かなのがいいですね。

ただ、「**セキュリティ重視で選ぶなら、ｉＰｈｏｎｅが優位！**」

シニアの方や初心者には、手間が少なく、安心して使えるｉＰｈｏｎｅをおすすめします。もちろん、Ａｎｄｒｏｉｄでも最新モデルを選び、セキュリティの設定を適切に行えば安全に利用できます。

選ぶ際に注意が必要なのが、「シニア用のスマホ」です。以前、お店に行ってＡｎｄｒｏｉｄスマホを探したときのことです。

「ｉＰｈｏｎｅ以外では、どのスマホが売れていますか？」と店員さんに聞くと「シニア用スマホがおすすめです。売れています！」と返答されたのです。

シニア用スマホは、あまりおすすめしません。**操作で困ったときに周りに聞ける人がいなかったり、機能が限られていたり、アップデートしないとセキュリティリスクが高まったりする**のが理由です。

シニアの方でも、普通のスマホを使いこなせますので、安心してくださいね。

タップは赤ちゃんのほっぺに触れるような感覚

タップとは英語の〝ｔａｐ〟に由来し、「軽くたたく」という意味を持っています。パソコンの「クリック」と同じで、スマホに「これですよ」と伝えるときに「タップ」します。

スマホを操作している方を見ていると、驚くほど力を入れて画面をたたいている方を見かけます。

- **タップは、やさしく！　赤ちゃんのほっぺに触れるようなイメージで**
- **タップの練習は、テーブルで同じようにトントンしてみて**

お孫さん、あるいは赤ちゃんのほっぺに指で触れるときの様子を、目をつぶって想像してみてください。

あなたはスマホをタップするときと同じ強さであの柔らかくてフワ

フワのほっぺを、触れますか？
もし「スマホをタップする強さでは触れないな」と思ったら、あなたは力を入れすぎかもしれません。

タップのイメージ

レッスンをするときは、生徒さんに目の前のテーブルをスマホに見立ててもらいます。硬くてボタンもないテーブルの上を指で強く何度もたたくと、指が痛くなるので、弱めるでしょう。これでタップする力の感覚を掴んでもらいます。

慣れたら、スマホを左手で持って、文字などを入力する練習をするのです。もしも左手がタップするたびに動いてしまうようなら、これまた力を入れすぎなので、弱めます。

まずはスマホの基本操作を練習してみよう

スマホの基本操作

iPhone・Android共通

●タップ

画面に軽く1回触れて、すぐに離す操作。アプリを起動したり、ボタンやアイコンなどを選択したりするときに使う。

●ダブルタップ

画面をすばやく2回タップする操作。主に、写真や地図などを拡大するときに使う。

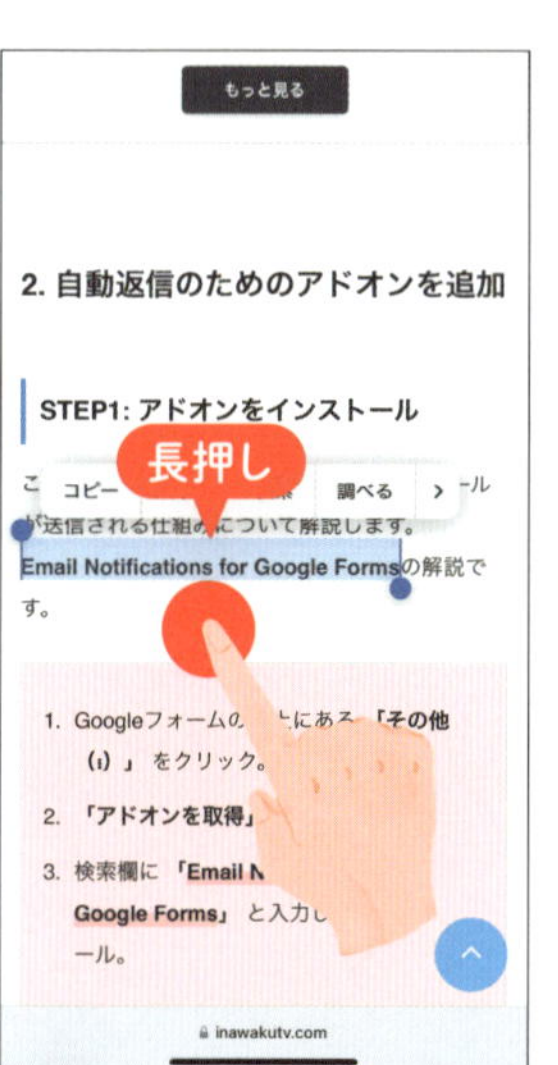

スマホは、大きな画面を指で触って操作します！

●長押し

画面を指で押し続ける操作。文字を選択したり、メニューを表示したり、ホーム画面のアイコンを移動したりするときなどに使う。

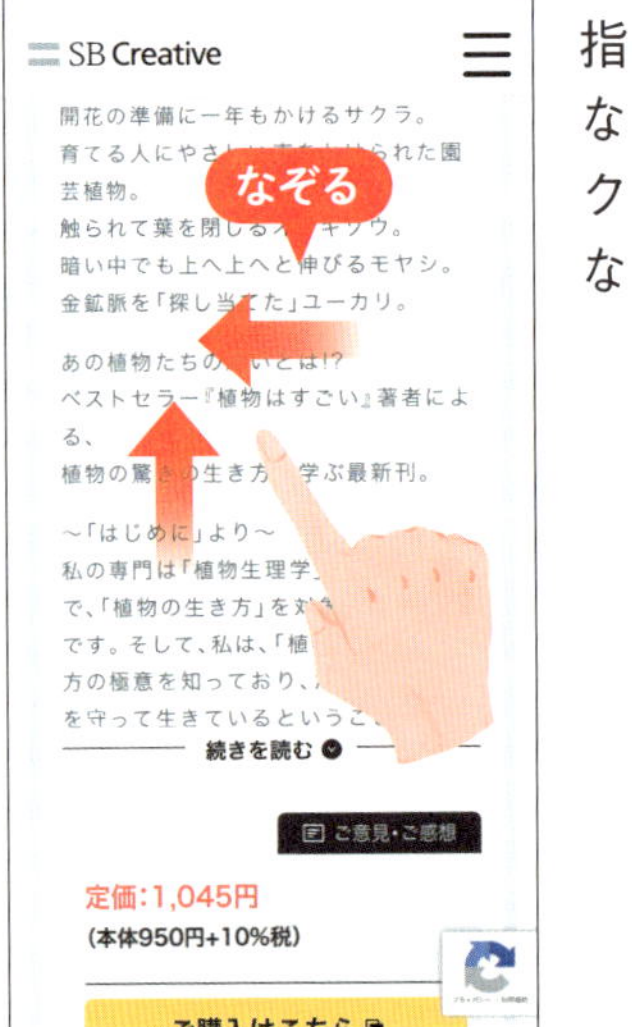

●スワイプ

指で一定方向に画面をなぞる操作。画面のスクロールやロック解除などで使う。

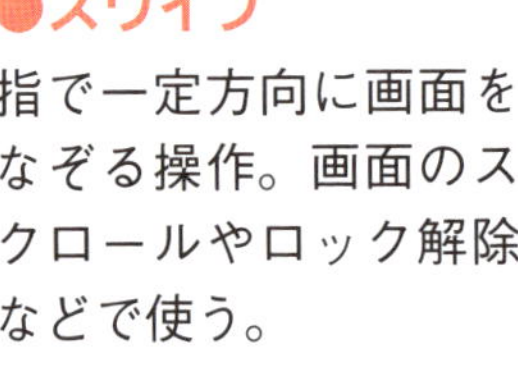

●ドラッグ

画面を指で押さえたまま動かす操作。アイコンの移動、明るさの値の調整などに使う。

●ピンチイン／ピンチアウト

２本の指を広げたり閉じたりする操作。画面を拡大・縮小するときに使う。

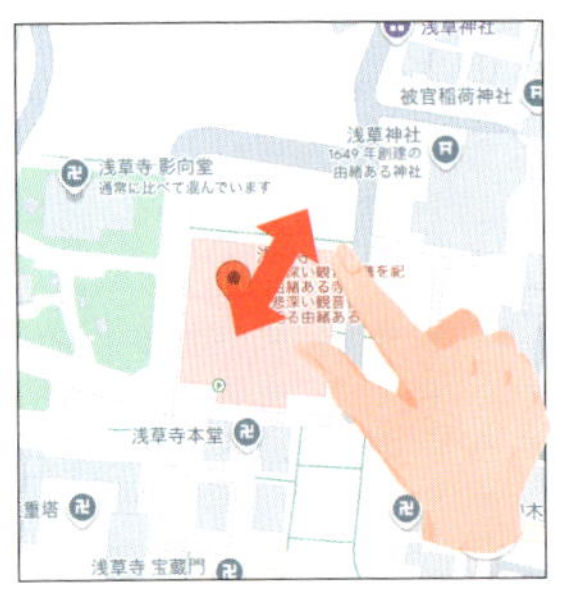

●フリック

指で画面に軽く触れ、サッとすばやく払う操作。主に、文字を入力するときに使う。

スマホのお悩み、シニアのベスト3

スマホの相談会に来られる方の共通する悩みは、おおむね次の3通りのいずれかです。

- **画面が小さくて見づらい。入力もしづらい**
- **用語が英語だらけで、意味がわからない**
- **知らぬ間に有料になっているのが怖い（使っているアプリが安全かわからない）**

まずは特に質問の多い、「画面が小さいことに起因する悩み」について、解決策を紹介します。

スマホの文字を読みやすくする方法

インターネットのウェブページは、**つまんで広げる動作（ピンチアウト）**で簡単に拡大表示できます。写真やメール、地図などもこの方法で大きくできます。

なお、設定アプリやメニューの文字は、つまんで広げる操作では大きくできません。これらを大きく表示したい場合は設定を変更して**スマホの文字サイズ自体を大きく**しましょう。この設定を行うと、ウェブページやメールの文字も大きくなるため、小さな文字が苦手な人に特におすすめです。

ちなみに、スマホの画面は本や新聞と違って光っているため、**明るすぎると目が疲れます**。かといって暗くしすぎると、文字が霞んで読みづらいです。基本的に最近のスマホは、周囲の明るさを見て自動的に画面の明るさを設定してくれますが、常に完璧とは限りません。そんなときは、自分で画面の明るさを調整してみましょう。

文字や画面を拡大して見やすくしよう

スマホの文字を大きくする

iPhone・Android共通

ピンチアウトで画面を大きくする

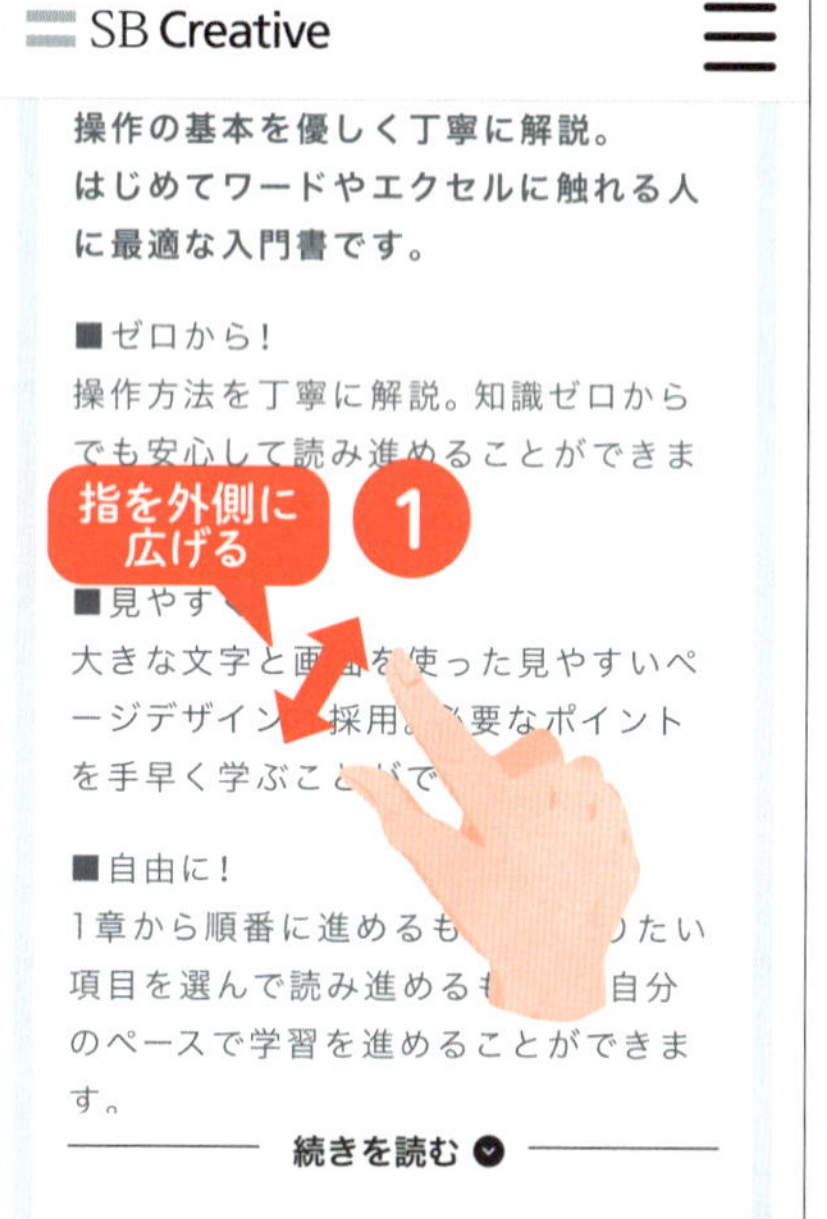

1 2本の指をつまむようにして画面上に置き、指同士を外側にぐっと広げる。

2 画面が拡大された。元に戻すときは、2本の指を広げて画面に置き、指同士を内側に縮めていく。

Column ダブルタップでも元に戻せる

画面を拡大した状態でダブルタップすることでも、元の大きさに戻すことができます。

文字サイズを変更する

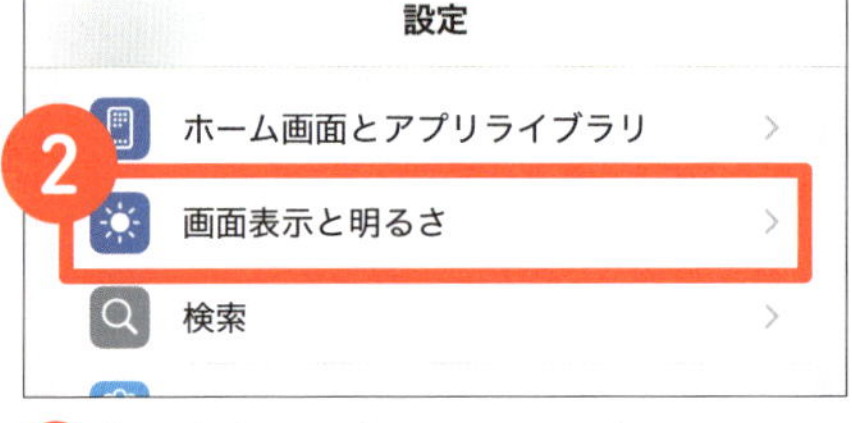

1「設定」アプリをタップ。

2「画面表示と明るさ」をタップ。

3「テキストサイズを変更」をタップ。

4「◯」を右方向にドラッグすると、文字が大きくなる。

5「戻る」をタップ。

6スマホの文字が大きくなった。

Androidの場合

文字サイズを変更する

1 ホーム画面を下から上にスワイプ。

2「設定」アプリをタップ。

5「＋」をタップするごとに文字が大きくなる。

6「←」をタップ。

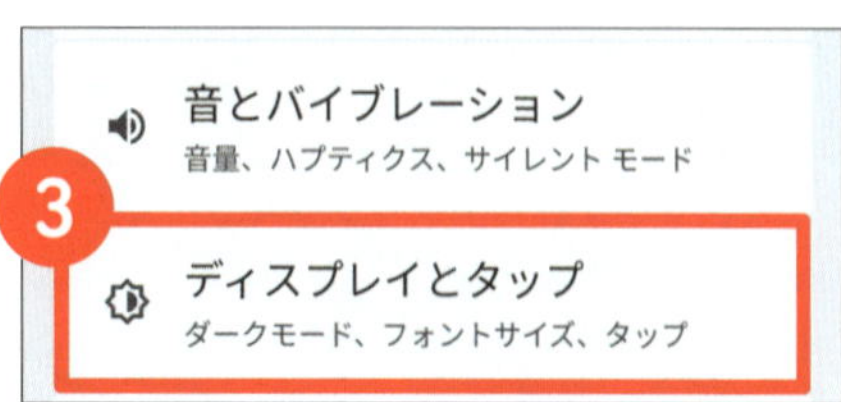

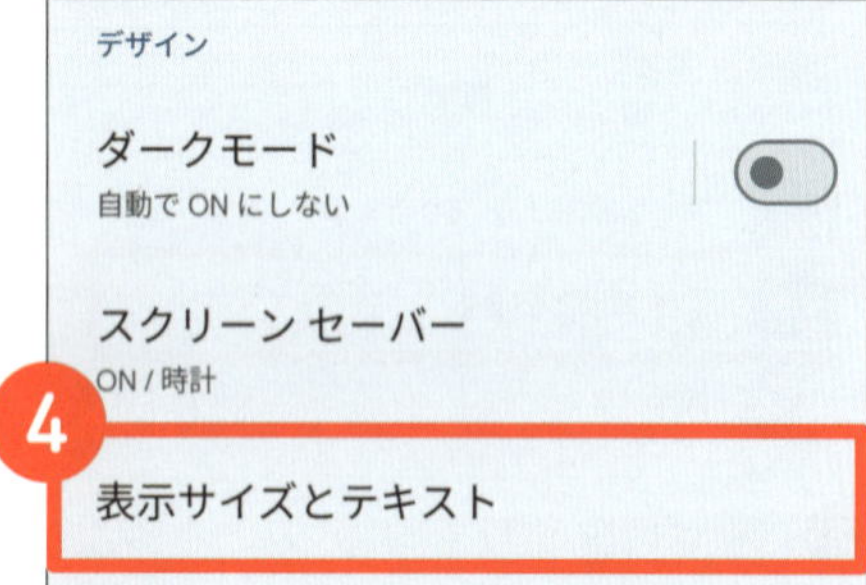

3「ディスプレイとタップ」をタップ。

4「表示サイズとテキスト」をタップ。

7 スマホの文字が大きくなった。

「画面がすぐ暗くなる！」の解消法

画面の明るさを調整する

iPhoneの場合

コントロールセンターで明るさを調整する

❶ iPhoneの画面の右上隅から下方向にスワイプし、コントロールセンターを表示する。

iPhone SEシリーズの場合は、iPhoneの画面下部から上方向へスワイプ。

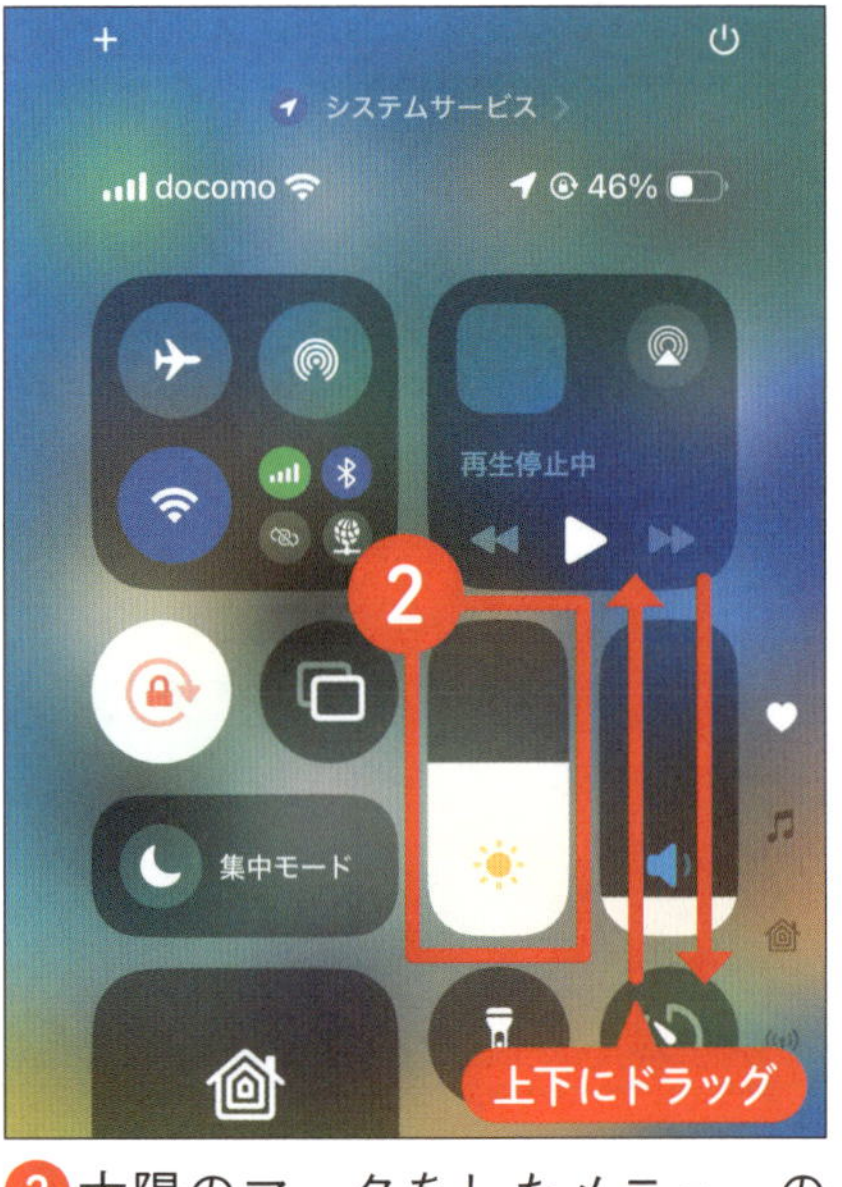

❷ 太陽のマークをしたメニューの上に指を置き、上方向にドラッグすると画面が明るくなる。下方向にドラッグすると、画面が暗くなる。

Column ホーム画面に戻るには

コントロールセンターの何もない箇所をタップすると、元の画面に戻ります。

Androidの場合

クイック設定パネルで明るさを調整する

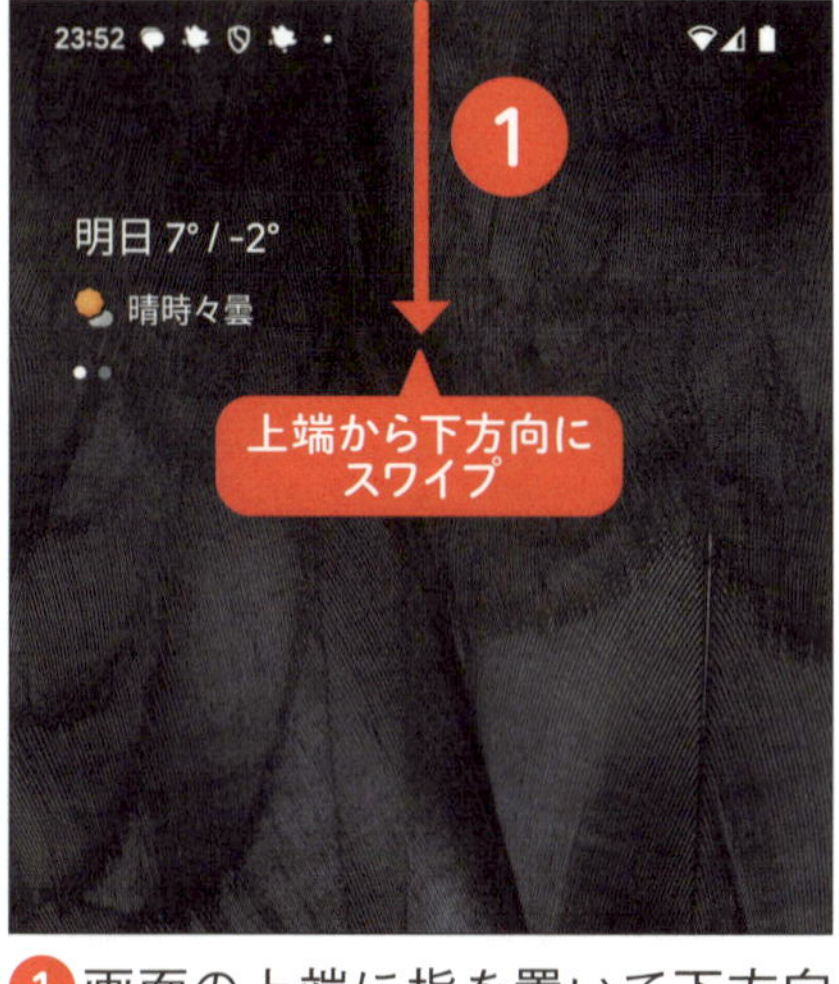

❶画面の上端に指を置いて下方向にスワイプし、クイック設定パネルを表示する。

❷各種メニューの領域に指を置き、再度下方向にスワイプ。

❸太陽のマークが記載されたバーの上に指を置き、右方向にドラッグするとAndroidの画面が明るくなる。

❹左方向に動かすと、画面が暗くなるので調整してみよう。

イライラ解決！　らくらく「文字入力」

英数字の組み合わせが最初の関門

スマホの相談会にお越しになった75歳の男性が、「ＮＨＫプラスの登録ができない」とのことでお見えになりました。ＮＨＫプラスは、スマホでＮＨＫの番組が見られるサービスです。操作を見ていると間違っているわけではなさそう。ただ、文字入力に苦戦して、登録が進まないご様子です。

といいますのも、ＮＨＫプラスの登録には「**大文字や小文字の英語・数字**」が混ざった文字の羅列を入力しなければならなかったのです。スマホの初期設定では、大文字を続けて入力しなければいけない場面でも、1文字を入力すると勝手に小文字モードに切り替わってしまいます。さらに、ある程度の時間がかかると、「もう一度やり直し」という画面が表示されてしまいます。そのため、この男性は、

「家でもこうなっちゃうから、やめちゃった！」

とおっしゃっていました。文字の入力を、少しでも楽にしたいところですね。

キーボードは、日本語入力用、アルファベット（英語）入力用など複数あります。これらの切り替え方を覚えるだけで、スムーズに文字入力ができるようになります。

ここでは、文字入力をラクにする基本的なテクニックを紹介します。

入力モードを切り替える

iPhone 左下に表示される「地球のマーク」を長く押して切り替える

Android 左下に表示される「あ・a・1」を押して切り替える

カーソル（文字を入力する位置）を移動する

iPhone 文字を入力したい位置をタップする

Android 文字を入力したい位置をタップするか、キーボードの「◀」「▶」を押す

目的に応じて入力モードを使い分けよう

入力モードを変更する

iPhoneの場合

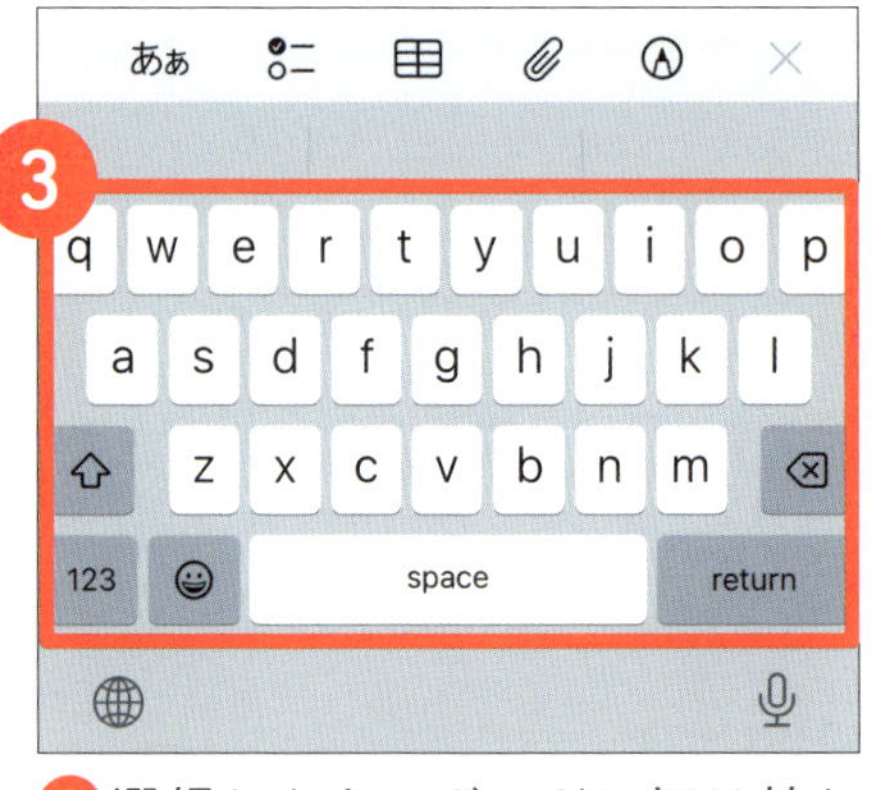

❶キーボードの左下にある地球のマークを長押しする。

❷キーボード名をタップ。

❸選択したキーボードに切り替わる。

Androidの場合

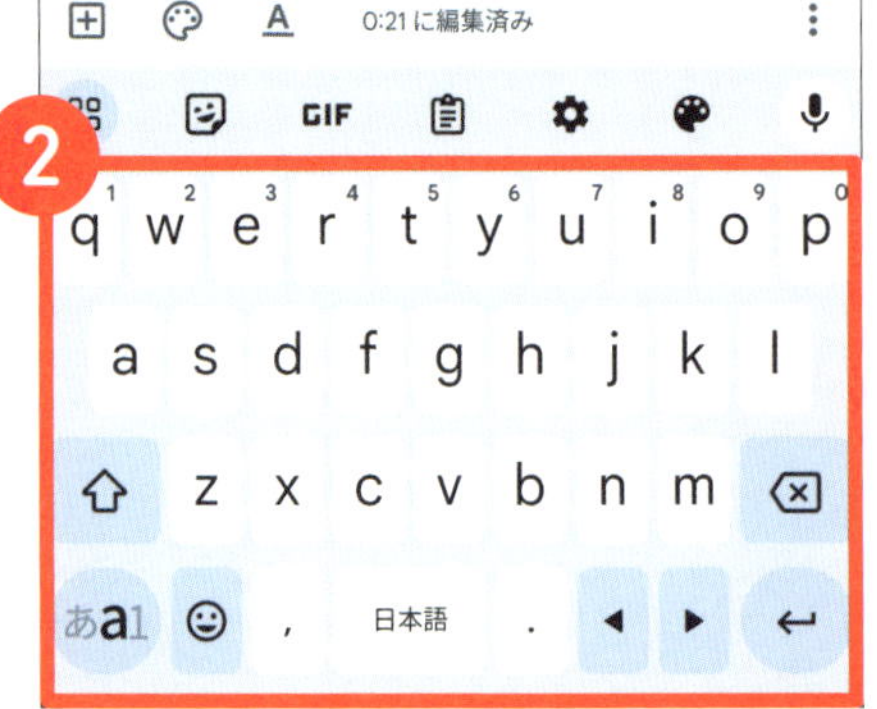

❶キーボード左下の「あ a1」ボタンをタップ。

❷キーボードが切り替わる。再度タップすると、別のキーボードに切り替わる。

文字入力の基本を練習しよう

文字を入力する

iPhone・Android共通

文字を入力する方法

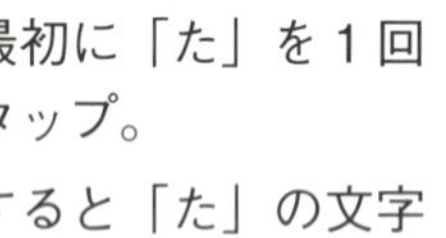

❶最初に「た」を１回タップ。

❷すると「た」の文字が入力される。

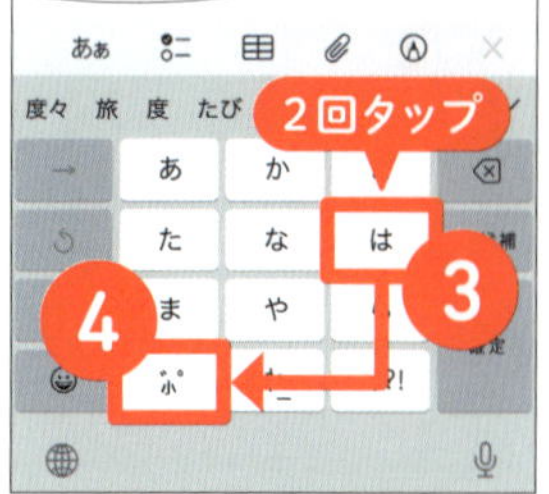

❸次に「は」を連続で２回タップ。

❹続けて「゛。小」を１回タップして「び」と入力する。

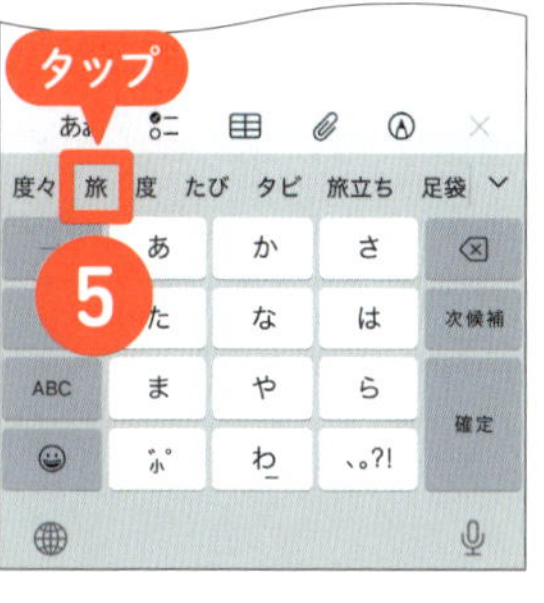

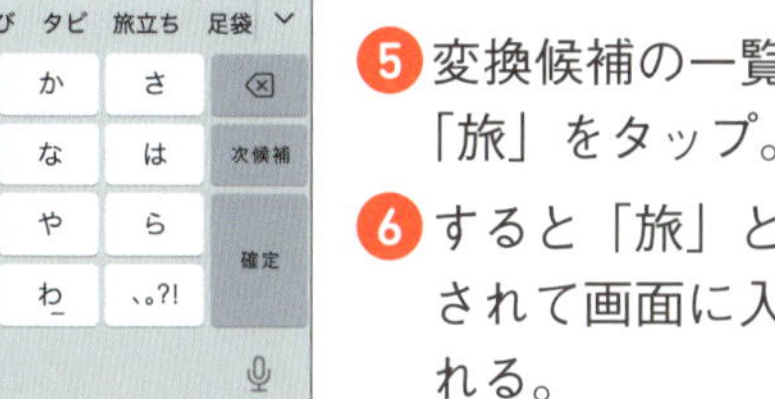

❺変換候補の一覧から「旅」をタップ。

❻すると「旅」と変換されて画面に入力される。

iPhone・Android共通

文字を消す方法

❶消去したい文字のすぐ後ろをタップすると、そこに点滅する棒（カーソル）が表示される。

❷「×」をタップ。

❸カーソルの前にある文字が削除される。

Column 文字の編集

文字は文章の途中からでも削除したり、追加したりできます。

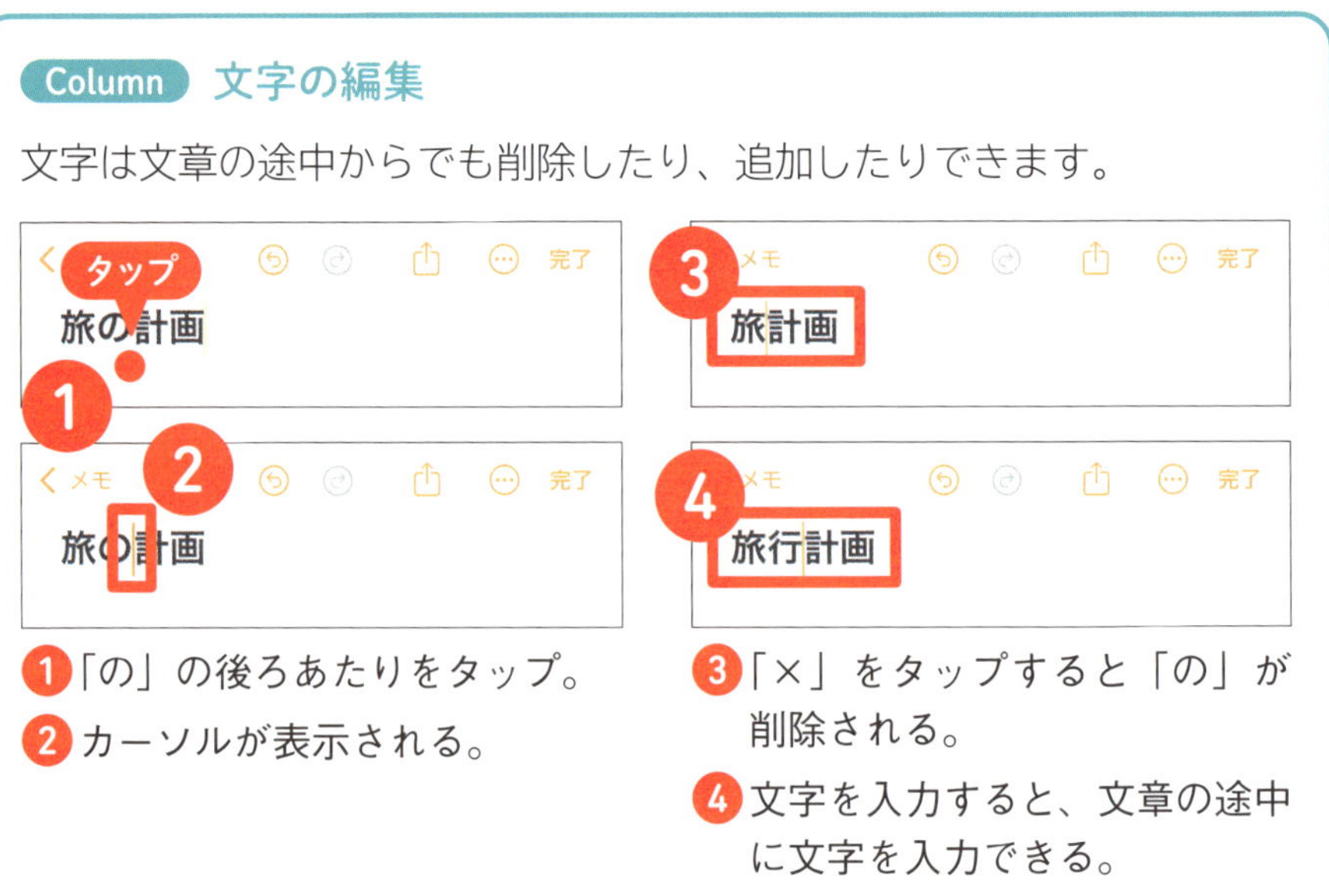

❶「の」の後ろあたりをタップ。

❷カーソルが表示される。

❸「×」をタップすると「の」が削除される。

❹文字を入力すると、文章の途中に文字を入力できる。

やってみて！　スマホのタイピング練習帳

パソコンができる人で、文字の入力が苦手という人はあまりいません。それくらい、文字の入力は基本中の基本です。一方で、スマホは画面も小さくて、男性は指が太い方が多いため、上手にキーボードに触れられず四苦八苦される方をよくお見かけします。ただ、スマホを使ううえではやっぱり必要な操作。慣れるまでは少し大変かもしれませんが、使えば使うほど体も覚えていきます。

次ページに練習にピッタリな記号や文章を掲載しています。ぜひ、何度も練習してみてください。なお、数字はキーボードの入力モードを切り替えると入力しやすいです（35ページ参照）。

タイピング練習帳

❶文字練習

・短文練習

猫が可愛いです
お寿司が食べたいです
映画を見に行きませんか
明日の予定は何ですか

・ちょっと難しい言葉

キャンペーン
コミュニティ
郷土料理
シャンソンショー

❷数字や記号

12月24日です
3時間後に集合！
たまごは2パックでいい？

味気ない文章も絵文字を使えば華やかに！

絵文字を入力する

iPhoneの場合

❶左下にある絵文字のボタンをタップ。

❷絵文字のキーボードに切り替わった。入力したい絵文字をタップしよう。

Androidの場合

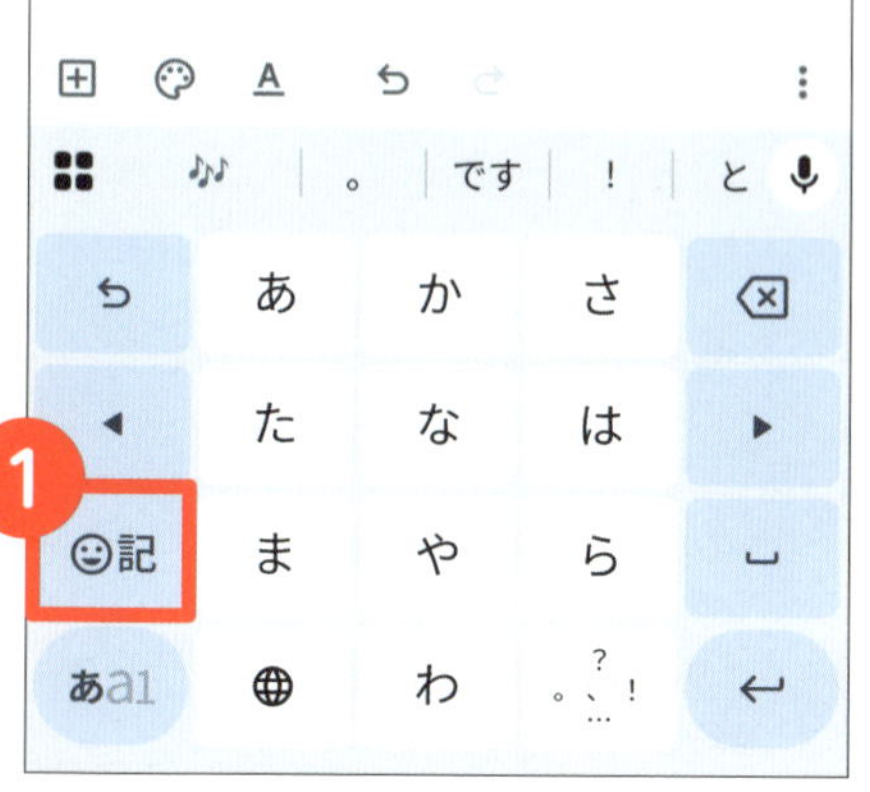

❶左下にある「絵文字／記」のボタンをタップ。

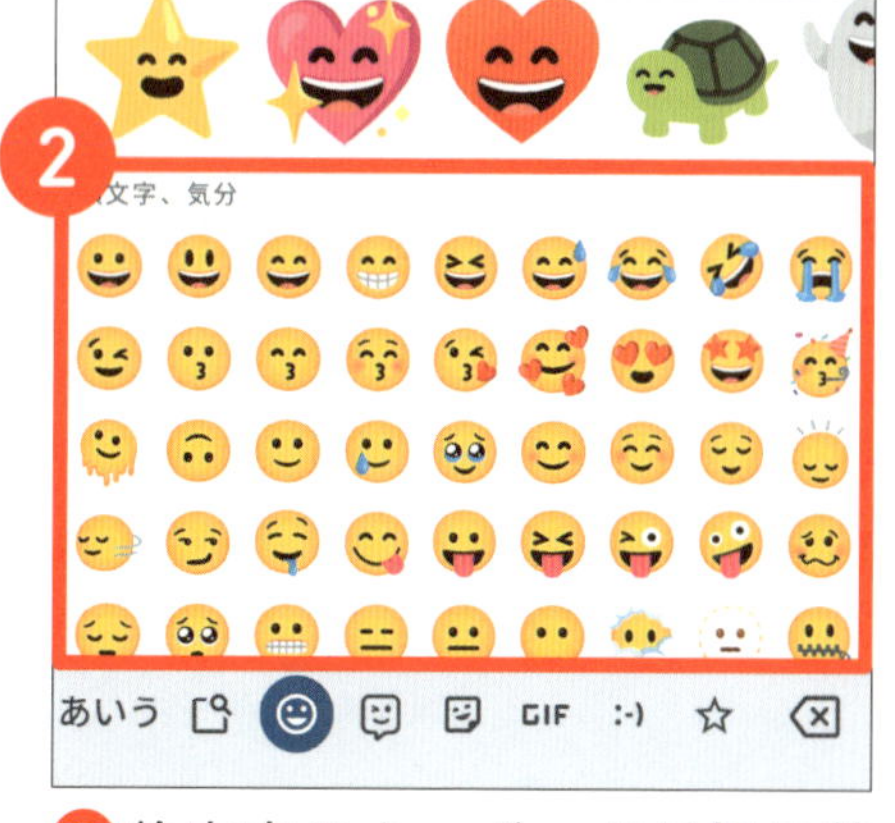

❷絵文字のキーボードに切り替わった。入力したい絵文字をタップしよう。

キーボードで入力するのが大変なときは……

音声入力で長文もらくらく

「メールの文面を打つのは時間がかかる！　電話で話したほうが早そうだ」

スマホ講座でメールの送り方を教えるとき、生徒さんからよく出てくるのが、このようなご意見です。確かに、慣れないうちはキーボードを使って長文を入力するのは大変でしょう。

手で打つよりも言葉にする方が早い、という方に朗報です。実はスマホには、**スマホに向かって話しかけた内容を文字起こししてくれる機能**があるのです。これを**音声入力**といいます。

音声入力の使い方は、とても簡単です。キーボード上にあるマイクのボタンを押して、スマホに向かって入力したい内容を話すだけ。句読点は「てん」「まる」などと話しかけると、入力してくれます。読み取りの精度も高いのですが、もし間違って入力されたところがあれば、そこだけ手打ちで修正するとよいでしょう。

読めない漢字は手書き入力で

目の前にある文字が読めない、でも入力したい……。こんなときに便利なのは、**手書き入力**です。キーボードを手書き入力モードにして、キーボード上に入力したい文字を指で手書きするだけで、内容を読み取って入力してくれます。

キーボードを使った手打ちだけでなく、状況に応じて音声入力や手書き入力も併用すれば、入力にストレスを感じることもなくなるでしょう。

私も、原稿を音声入力で作ることがあります！

話しかけた内容を入力できる

音声で文字を入力する

iPhoneの場合

1 キーボードの右下にあるマイクのボタンをタップして、スマホに向かって話しかける。

2 吹き込んだ内容が入力される。

3 マイクのボタンをタップすると、終了する。

Androidの場合

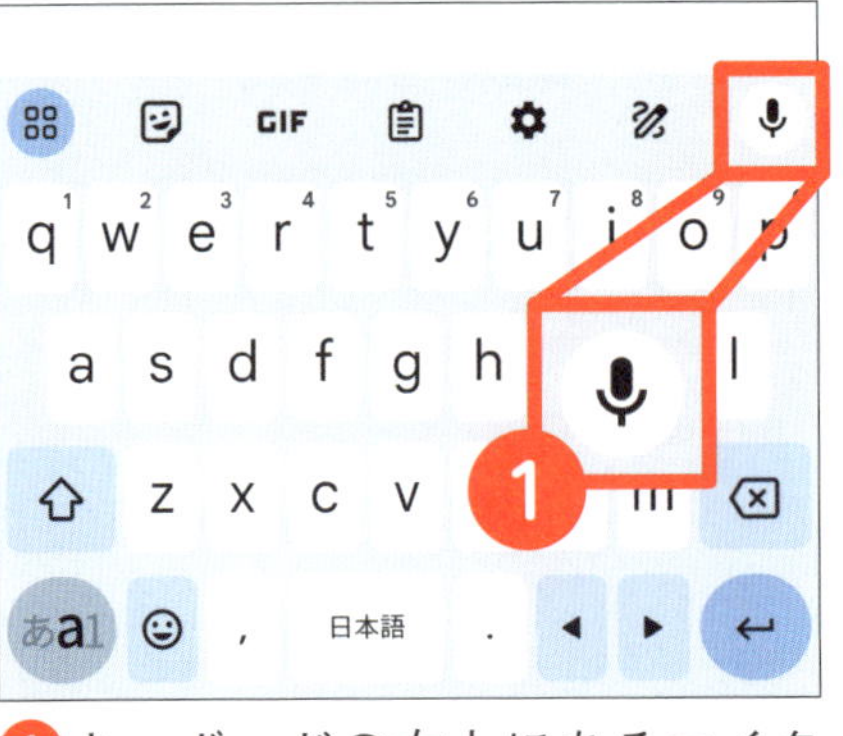

1 キーボードの右上にあるマイクのボタンをタップして、スマホに向かって話しかける。

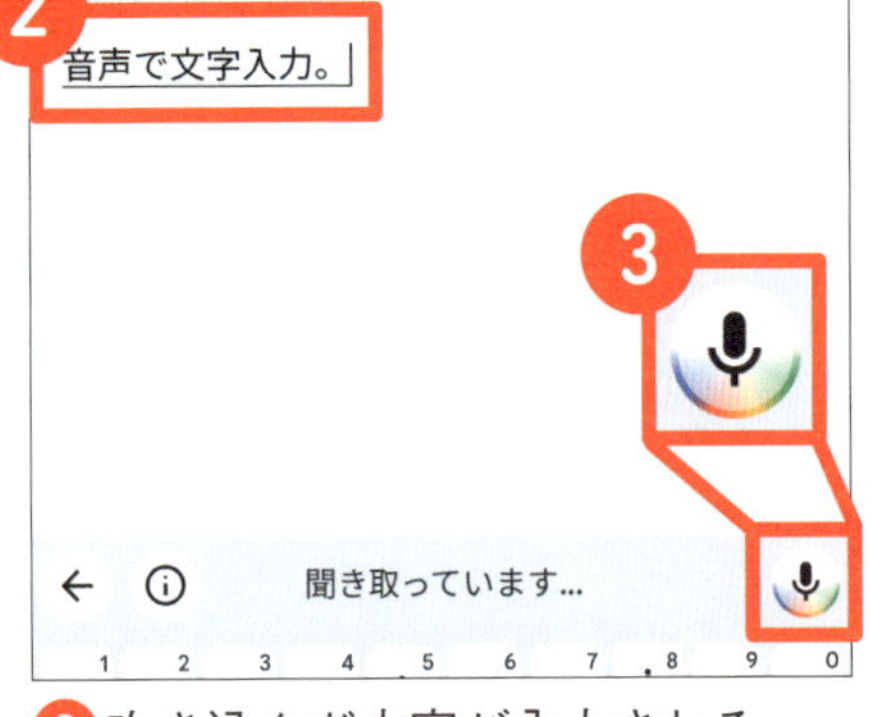

2 吹き込んだ内容が入力される。

3 マイクのボタンをタップすると、終了する。

読めない漢字は手入力して検索しよう

手書きで文字を入力する

iPhoneの場合

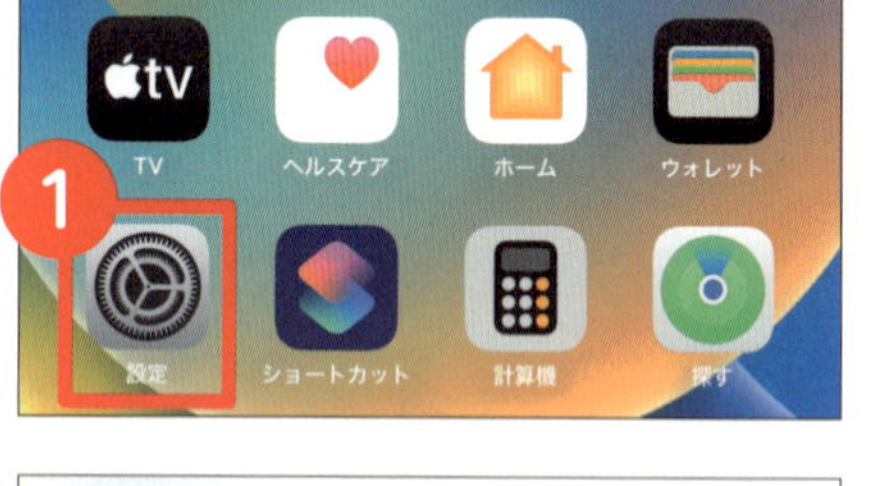

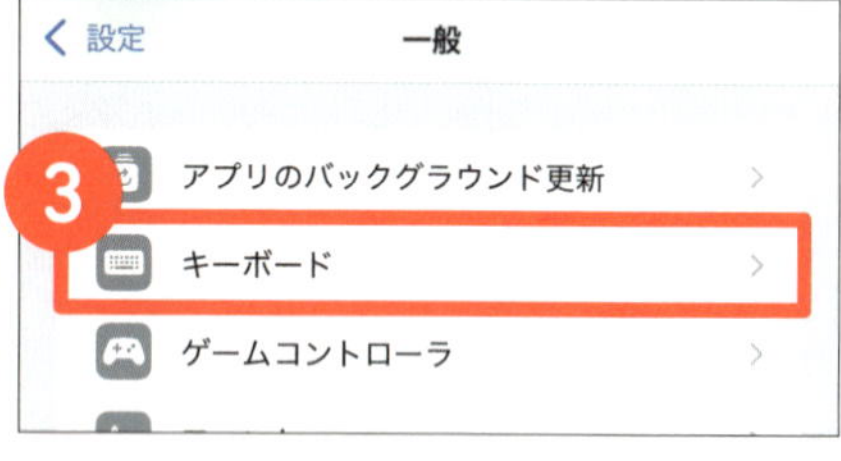

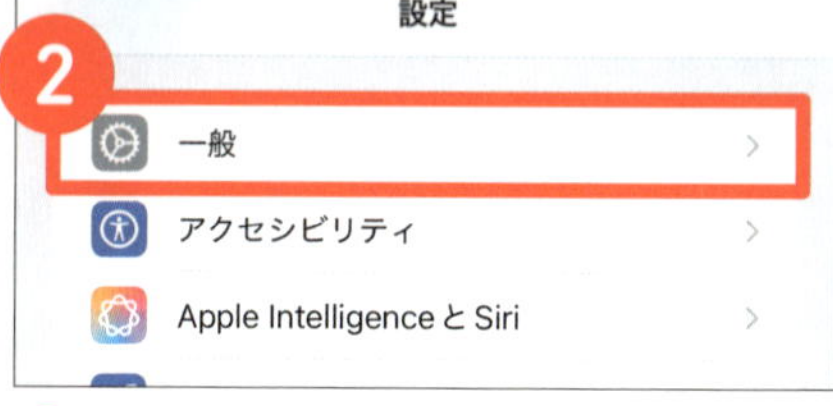

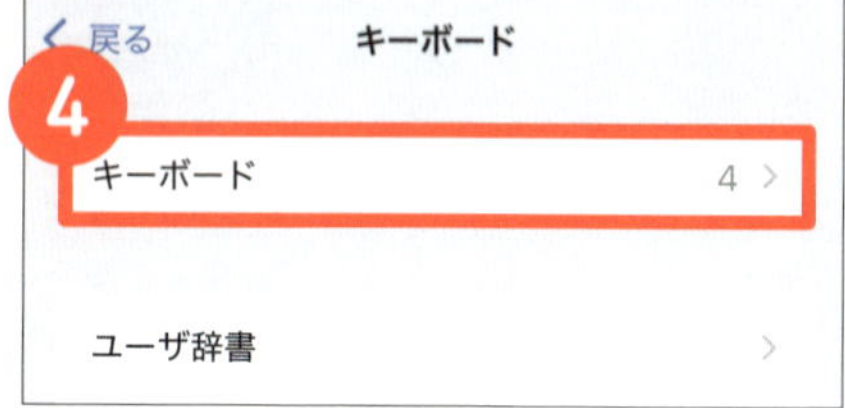

❶「設定」アプリをタップ。

❷「一般」をタップ。

❸「キーボード」をタップ。

❹再度、「キーボード」をタップ。

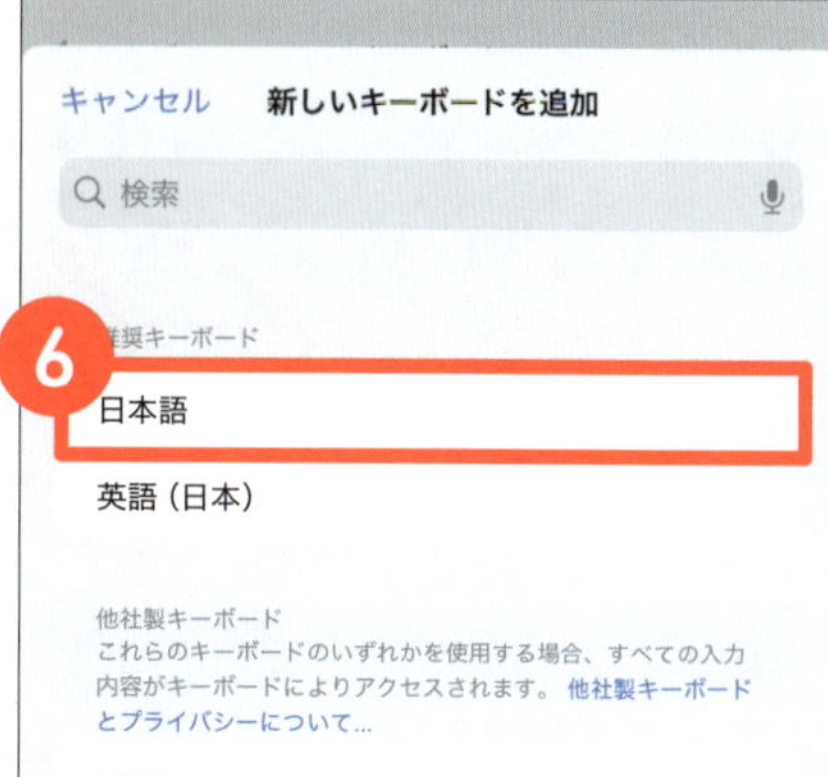

❺「新しいキーボードを追加」をタップ。

❻「推奨キーボード」の「日本語」をタップ。

❼「手書き」をタップして、チェックマークを入れる。

❽「完了」をタップ。

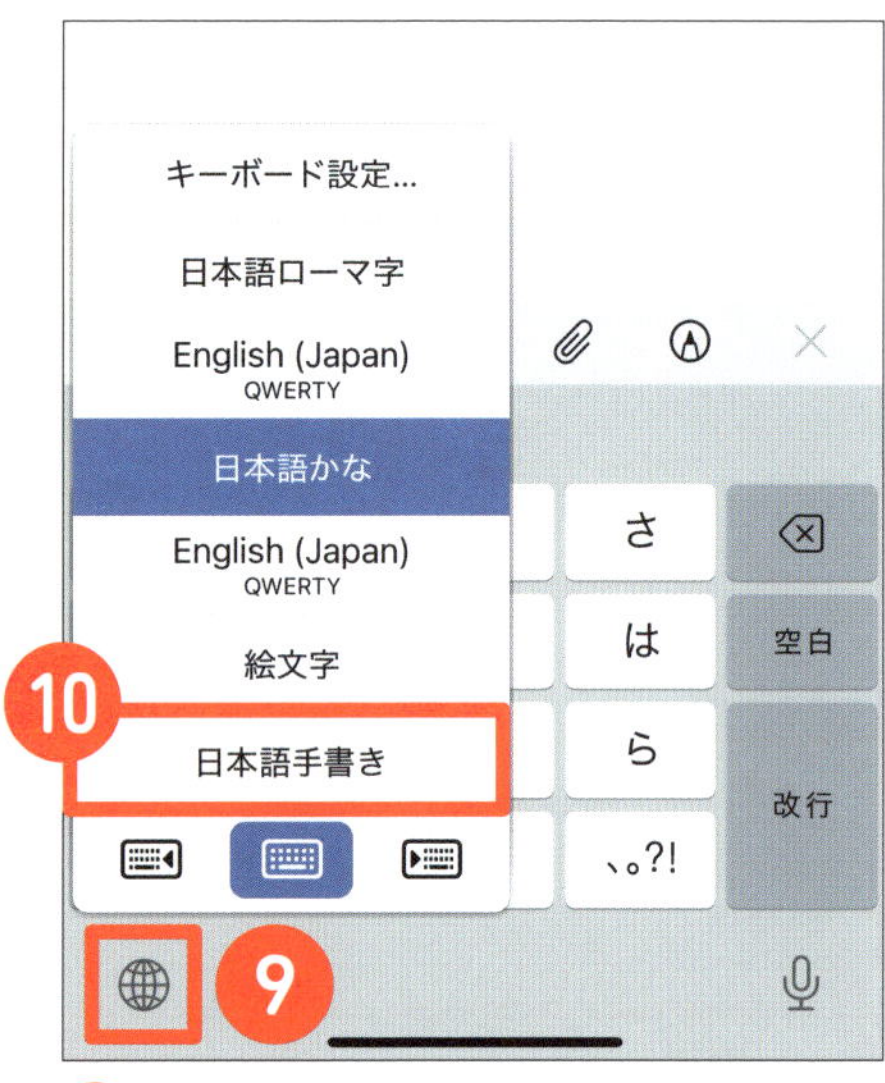

❾文字を入力する際、地球のマークを長押しする。

❿「日本語手書き」をタップ。

⓫手書き入力に切り替わる。画面下部の空白部分に、漢字を手書き入力しよう。

⓬変換候補から該当する漢字をタップすると、画面に自動入力できる。

Androidの場合

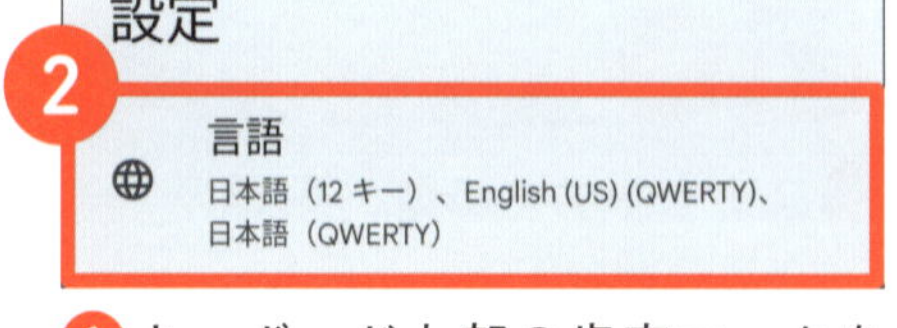

❶キーボード上部の歯車マークをタップ。

❷「言語」をタップ。

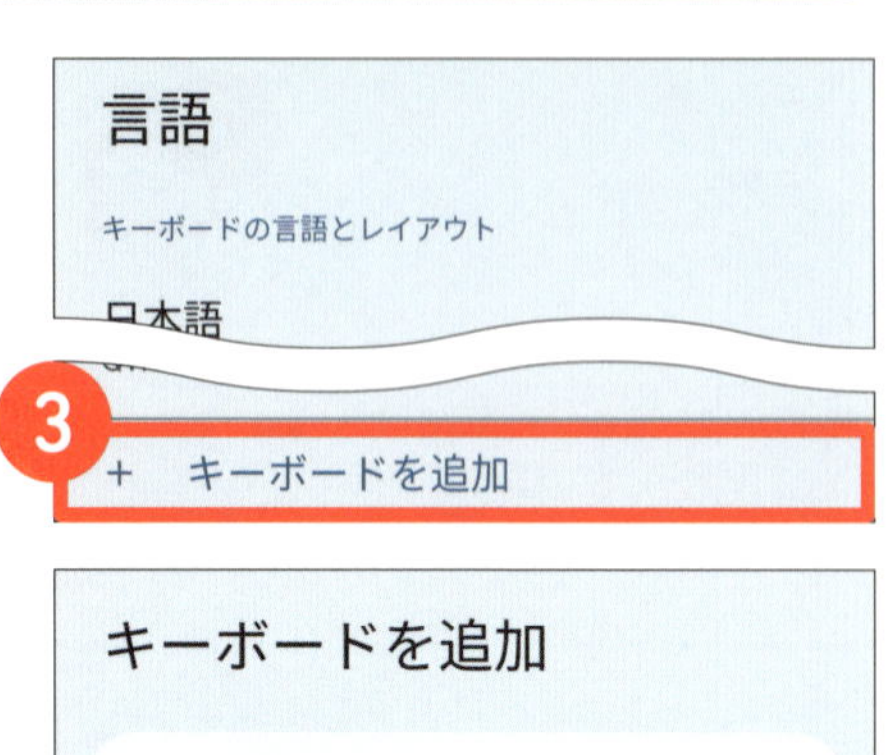

❸「キーボードを追加」をタップ。

❹「日本語」をタップ。

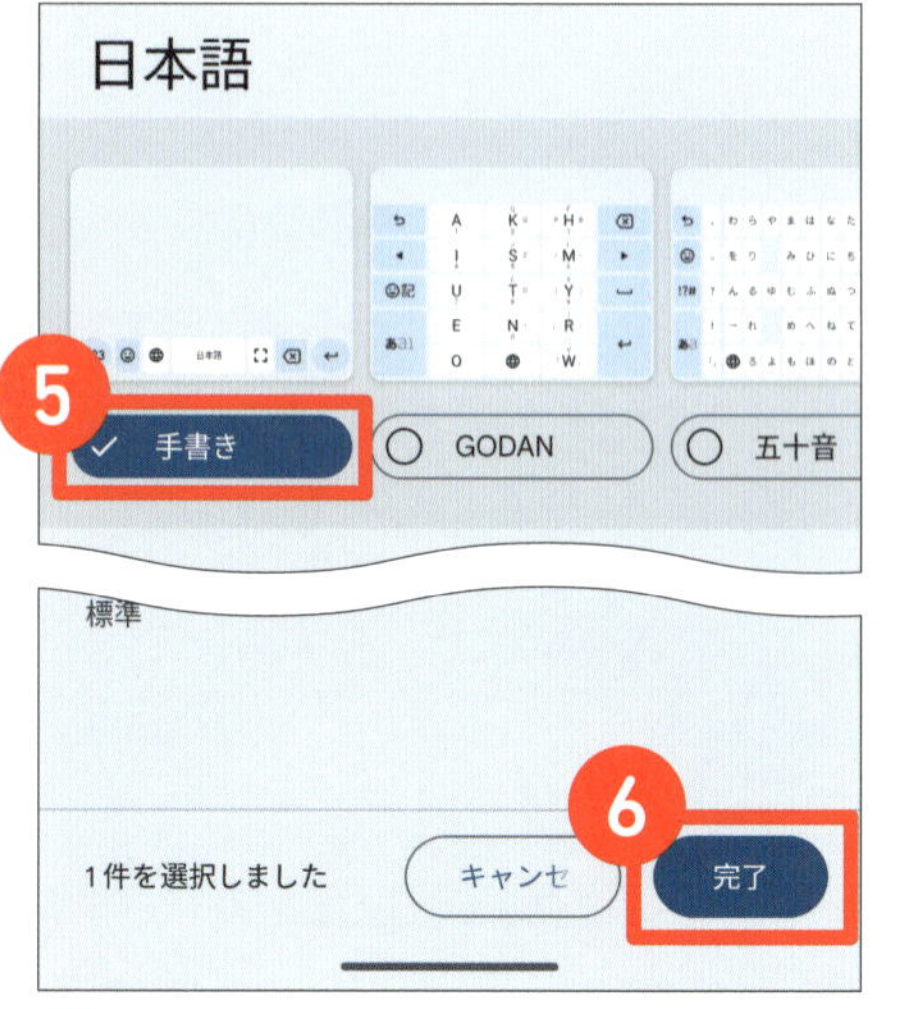

❺「手書き」をタップ。

❻「完了」をタップ。

❼キーボードの地球のマークをタップ。

❽「日本語 手書き」をタップすると手書きキーボードになる。入力方法は、iPhoneと同じ（45ページを参照）。

第2章

楽しみが広がる！スマホのいろいろな使い方

スマホにはさまざまな顔がある

「電話とメールさえできれば十分。他の機能は使わないな」

特にガラケー（昔の携帯電話）を使っていた人は、スマホに対してこのような印象を持つかもしれません。確かに、携帯電話すらなかった頃に比べれば外出しているときに電話やメールができるだけでも、革命的であることは間違いないでしょう。

しかし、スマホはガラケーよりも多くの機能を備えており、かつもっと簡単に使えるように進化しています。ここでは、今まで当たり前のように持ち歩いてきた「アレ」や「コレ」の代わりにスマホを使ってみてはどうでしょう、ということを提案したいと思います。

まずひとつ目は、**カメラ**です。スマホの正面と背面にはカメラが搭載されており、周囲の風景や自分を撮影できます。わざわざカメラを別に持ち歩かなくても、スマホを構えれば、旅行先や日常の大切な瞬間を写真に残せます。動画も撮影できるので、ビデオカメラとしても使えますよ。いつでもすぐに見返せるのも、嬉しいですね。

スマホはときに、**メモ帳**にもなります。たとえペンを忘れても、心配ご無用。スマホをさっと取り出せば、いつでもどこでも書き留めることができます。ページを使い切ることもないので、嬉しかった言葉、思いついたアイデア、つれづれなるままに書き残してみましょう。

知識欲旺盛な方は、**事典**や**辞書**を使って、日々さまざまなことを調べていらっしゃるかもしれません。スマホは、そんなあなたの味方です。スマホはインターネットに繋ぐことができ、そこからウェブサイトを見ることができます。ウェブサイトには、世界のニュースから馴染みのお店の情報まで、世界中の知識が集まっています。わからないことをさっと検索して、さらに知見を広げましょう。

スマホは、このようにたくさんの顔を持っています。「**私なら、どんなことに使おうかな？**」なんて、ワクワクしながら読み進めてみてください。

記念写真だけじゃもったいない！　カメラ活用術

スマホのカメラはどんどん進化していて、日常の何気ない瞬間をきれいに・簡単に残せるようになりました。

軽くて使いやすく、ランチの料理や旅行の風景を気軽にパシャ！　動画だってすぐ撮れます。最近は「映え」を意識して、角度を工夫したり、光を調整したりする楽しみも広がっています。

撮ったあとはスマホで写真を加工すれば、さらに素敵な一枚に大変身。力作は友だちや家族に送ってみんなで楽しみましょう。日常がもっと楽しくなりますね。

ですが、それだけではもったいなさすぎます！

カメラの使い方に慣れたら、こんなことにも使ってみてはいかがでしょう。

いろんなものを撮影してみよう！

スマホのカメラを使えば、書類や名刺、写真などを簡単にデジタル化できます。紙の管理に困っている方には特におすすめです。

年賀状を整理できる

年賀状を撮影すれば、**住所録や記録として保存でき**、簡単に見返せます。

取り扱い説明書や名刺を保管できる

購入した商品に同梱されている取扱説明書や、増えてしまった名刺を撮影しておくと、**検索機能ですぐに見つけられます**。記載されているホームページやメールアドレスも、すぐにアクセスできます。紙のままよりもずっと管理が簡単になります。

記念写真やアルバムを共有できる

大切な行事や旅行先で撮った記念写真、友達や家族との写真は、とても大切な思い出です。いつまでもきれいに保管しておきたいものです。

でも、増え続ける一方の写真は、いつしか押入れの奥にしまわれてしまい、最近はあまり見ていないかもしれません。そのようなときに便利なのがスマホのカメラです。

お手元にある大切な写真をスマホで撮影すれば、いつでもスマホで見ることができます。お友だちや家族で集まったときにスマホを出せば、懐かしい写真をみんなで楽しく見ることができて、大盛り上がり間違いなしです！

医療明細や保険書類を管理できる

スマホのカメラは、健康管理にも大いに役立ちます。たとえば、**もらった薬の情報を写真に撮っておけば、紙の説明書が劣化してしまっても安心**です。

また、スマホのカメラを使って**肌や体の変化を定期的に記録**するのもおすすめです。気になる部分を撮影しておけば、変化の様子がひと目でわかります。**怪我や腫れ**を撮影しておけば、医師に経過を伝えるのにも役立ちます。診察時にスマホの写真を見せれば、スムーズに説明ができて、より適切なアドバイスが受けられるでしょう。健康管理がより簡単で効率的になります。

バス停の時刻表やテレビもパシャリ

バス停の時刻表を撮っておけば、自宅でバスの時刻を調べるのに困りません。他にも、**テレビに映った気になる情報**を撮影しておいたり、**パソコンの画面にエラーが表示され**

たときに写真を撮っておくと、相手に状況を伝えやすくなります。

不慣れな場所の駐車場では、**駐車位置**をスマホで撮影しておくと、帰りもスムーズ。たとえば、大型ショッピングセンターや空港のような広い駐車場では、目印を撮影しておくのがおすすめ。**特徴的な看板や目印**を写真に撮っておけば、車の場所にすぐ戻ることができます。目印をカメラで記録する方法、ぜひ取り入れてみてください。

駐車場の
目印をパシャ！

駐輪場の
目印もパシャ！

カメラアプリ＆フォトアプリの活用

写真や動画を撮る

iPhoneの場合

写真を撮る

❶「カメラ」アプリをタップして起動する。
❷写真を撮影する場合は「写真」をタップして、写真モードに切り替える。
❸スマホのカメラを被写体に合わせて、シャッターボタンをタップ。すると、写真が撮影される。
❹下部の「2」をタップすると、カメラが２倍にズームする。

Column ピントを合わせるには

ピントを合わせたい対象がぼけてしまうときは、その対象物を画面上でタップしてみましょう。黄色い枠が表示され、ピントが合います。

iPhoneの場合

動画を撮る

❶「ビデオ」をタップして動画撮影に切り替える。

❷録画ボタンをタップ。

❸停止ボタンをタップすると、録画が終了する。

iPhoneの場合

写真や動画を確認する

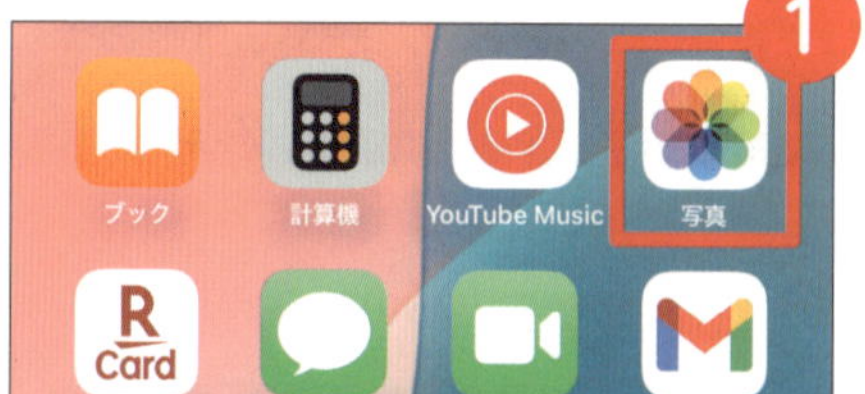

❶「写真」アプリをタップして起動。

❷確認したい写真や動画をタップ。

❸写真・動画が大きく表示される。

❹前の画面に戻るには、左上の「<」をタップ。

Androidの場合

写真を撮る

❶「カメラ」アプリをタップして起動する。

❷ 写真を撮影する場合はカメラのボタンをタップして、写真モードに切り替える。

「カメラ」アプリはAndroidの機種によって多少異なるが、操作方法はほとんど同じ。

❸ スマホのカメラを被写体に合わせて、シャッターボタンをタップ。すると、写真が撮影される。

❹ 下部の「2」をタップすると、カメラが2倍にズームする。

Column 自分を撮影する方法

スマホには背面だけでなく、正面にもカメラがあり、切り替えることで自分を撮影することができます。正面のカメラに切り替えるには、シャッターボタンの隣にある切り替えボタンをタップしましょう。

Androidの場合

動画を撮る

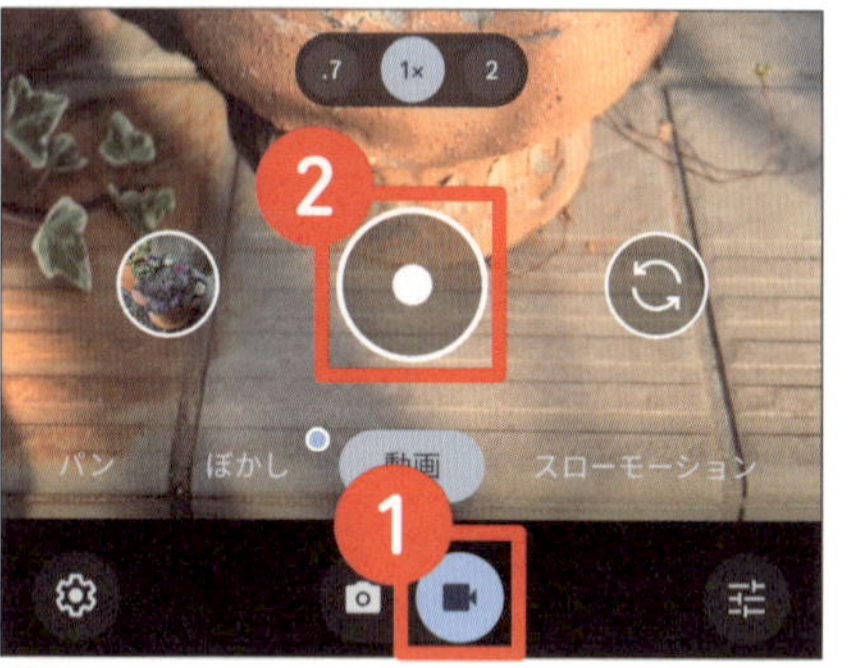

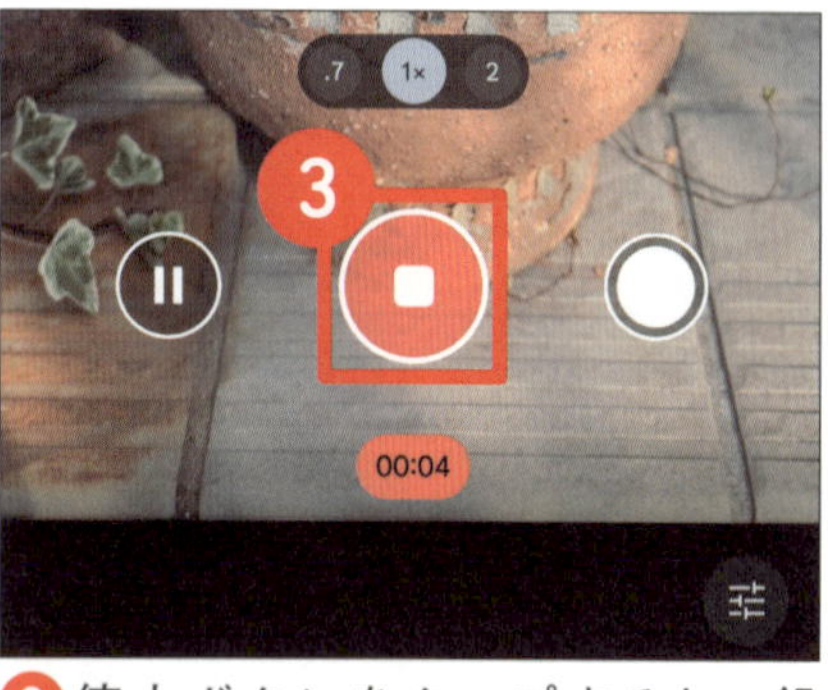

❶ビデオのアイコンをタップして動画撮影に切り替える。

❷録画ボタンをタップ。

❸停止ボタンをタップすると、録画が終了する。

Androidの場合

撮った写真や動画を確認する

❶「フォト」アプリをタップして起動する。

❷確認したい写真や動画をタップ。

❸写真・動画が大きく表示される。

❹前の画面に戻るには、左上の「←」をタップ。

スマホのカメラで日常をもっと便利に！

スマホのカメラは「ルーペ」にもなる！

スマホのカメラはルーペ（拡大鏡）としても活用できます。薬のラベルや食品の成分表示、家電などの取り扱い説明、庭にいた小さな虫の観察など細かい文字や小さいものを見るときに、カメラの拡大（ズーム）を使ってみてください。カメラの下部にある「2x」をタップすると、カメラが2倍に拡大します。スマホによってはさらに拡大することも可能です。

写真の「バックアップ課金」に注意！

スマホで撮影した写真は、購入時の初期設定では「**クラウドへのバックアップ**」がオン（有効）になっています。クラウドは**インターネット上に用意されている保存箱**のようなものです。スマホ本体だけでなく、インターネット上にも自動で写真を保存（バックアップ）してくれます。この機能は大切な写真をしっかりと守るという点ではとても便利なものですが、反面、有料／無料プランがあるなど、仕組みは少し複雑です。よく理解しないまま使用すると、「容量がいっぱいです」というメッセージが突然表示され、対応に戸惑う方も多いようです。

あるイベントで初老の女性とお話しした際、次のようなやり取りがありました。

「スマホで写真は撮られますか？」

「いいえ、スマホは最小限しか使いませんので」

「では、写真のクラウド設定はオフ（無効）にしているのですね？」

「クラウド？」

「有料サービスには加入していないのですか？」

「有料は嫌いですし、クラウドの意味もわかりません」

設定を確認させていただくと、**なんとその女性は有料のクラウドサービスをすでに契約してしまっていました**。本人は覚えがないと驚いていましたが、以前「容量がいっぱいです」というメッセージが表示された際に、何か操作した気もするとのこと。そのときに意図せず契約してしまった可能性が高いと思われます。

写真を保存するためにお金を払うべき？

ｉＰｈｏｎｅの場合、クラウドの無料プランの保存容量は５ＧＢですが、写真や動画はファイルサイズが大きいためこの容量はすぐに埋まってしまいます。容量を増やすためには有料プランを契約する必要があります。ｉＰｈｏｎｅの場合、月額数百円程度からはじめられるので、気が付かないこともあるかもしれません。しかし、写真が増えるにつれて次々と容量アップの契約をしてしまい、いつの間にか高額な料金を支払うことになるケースも少なくありません。

実際に、「写真は人質のようなもの。もう止められない」という声も耳にします。クラウドサービスは写真をたくさん保存できるので便利ですが、課金のスパイラルから抜け出せなくなるという現実もあります。

ただ、クラウドの設定を変更したり、サービスを解約したりするには、慎重な操作が必要です。慣れない方はご友人、お店のスタッフにたずねてみてください。

次のポイントを心がけることで、トラブルを回避できます。

- **まずは、現在のクラウドの設定を確認する**
- **表示されるメッセージを慎重に読む**
- **写真の整理を定期的に行う（不要な写真を削除する）**
- **操作に自信がない場合は、家族や友人、お店のスタッフに相談する**

クラウドの費用例（Apple）

プラン名	保存容量	月額料金（税込）
無料プラン	5GB	無料
iCloud+	50GB	¥150
	200GB	¥450
	2TB	¥1,500

クラウドの費用例（Google）

プラン名	保存容量	月額料金（税込）
無料プラン	15GB	無料
Google One	100GB	¥290
	200GB	¥440
	2TB	¥1,450

「QR(キューアール)コード」って何?

QR(キューアール)コードは、四角い粒々のマークです。カメラにかざすと、コードの内容を読み込み、お店のホームページなどにアクセスします。面倒なアドレスを入力せずにページを開けるので、手間なく、ミスを防げて便利ですね。

たとえば、テレビを観ていておいしそうな料理が映っていたけれど、作り方がわからない……。そんなときに便利なのがQRコードです。番組内でQRコードが表示されていたら、それをスマホで読み込めば、レシピの詳細やお店などの情報を簡単に取得できます。

QRコード

QRコードを読み込むコツ

公民館でスマホ相談会に参加した70代の男性から、こんなご質問がありました。

「どうもカメラが壊れてるみたいで、ＱＲコードを読み込めない」

ちょうど館内にＱＲコードのついたポスターが貼ってあったので、「これで練習しましょう」と提案してみました。すると、コードの読み込みができない理由が判明。

カメラを起動して、写真をパシャパシャ撮影していました。

「かざす」ことができていなかったのです。「カメラを起動してレンズをＱＲコードに向けると、画面下部に文字が表示されます。それをタップするのです」とお伝えしたところ、無事に読み込みができるようになりました。

カメラがぼけている場合は、スマホを近づけたり離したりすると、フォーカスが合いやすいです！

カメラで読み取って情報を確認しよう

QRコードの読み取り方

iPhoneの場合

1 「カメラ」アプリをタップして起動する。
2 スマホの背面のカメラを使って、QRコードを画面内に表示する。
3 読み取りが成功すると通知が表示されるので、タップ。
4 情報が表示される。

Column カメラのモードに注意

QRコードは「写真」モード以外（ポートレートモードなど）では読み取りができないため、「写真」モードになっていることを確認しましょう。

Androidの場合

❶「カメラ」アプリをタップして起動する。

❷スマホの背面のカメラを使って、QRコードを画面内に表示する。

❸白色の通知が表示されたら、タップ。

❹情報が表示される。

大切な思い出を声で残す

ある80才の生徒さんは、毎日の体調を音声で記録しているとのこと。「今日は少し調子がよいので、いつもより長く歩いてみました。すると同級生の鈴木さんに久しぶりに会いまして、喫茶店で楽しい時間を過ごしました」

こんな**声の日記**、いかがですか？

スマホのボイスメモはボタンを押すだけの簡単操作。音声は後から聞き直すこともできますし、メールや連絡ツールのＬＩＮＥ（ライン）で送ることもできます。スマホによっては、**音声をテキストにすることも可能です**。

さらには「買い物リストを録音するようにしてから、忘れ物がなくなり助かっています」「医師の話も録音して、家族と確認しています」と、さまざまなシーンで使っていると話してくれました。私が考える「録音が役立つ場面」をいくつか挙げてみると、

- **買い物の前に「買い物リスト」を録音する**
- **通院時に「お医者さまとの会話」を録音する**
- **趣味や学びの際に「先生のアドバイス」を録音する**
- **読書中に「気になるフレーズ」を録音する**

こんなところでしょうか。もちろん、注意点もあります。

- **静かな場所で録音する**
- **他人との会話を録音するときは、事前に「録音していいですか？」と尋ねる**
- **不要になった録音データは削除する**

録音機能は、日常生活の大切な瞬間を簡単に記録できるので、シニア世代にこそ役立ちます。まずは短いメモを録音するところから試してみてはいかがでしょうか？

録音アプリで音声を記録してみよう

録音機能の使い方

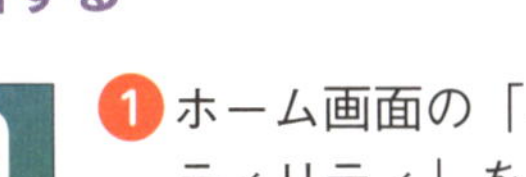

iPhoneの場合

ボイスメモで録音する

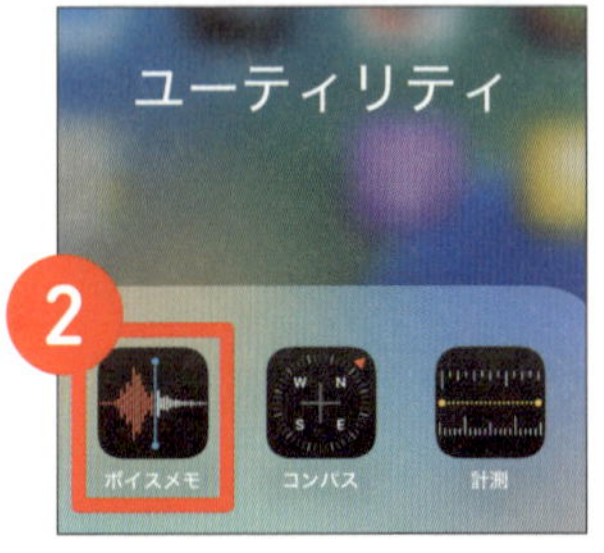

❶ホーム画面の「ユーティリティ」をタップ。

❷中にある「ボイスメモ」アプリをタップして起動する。

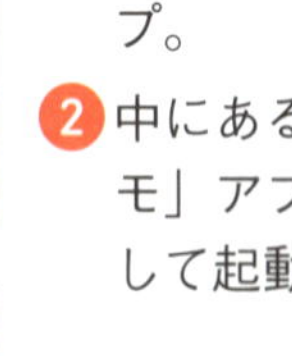

❸画面下部の録音ボタンをタップ。

❹スマホに向かって話す。録音が終わったら、停止ボタンをタップ。

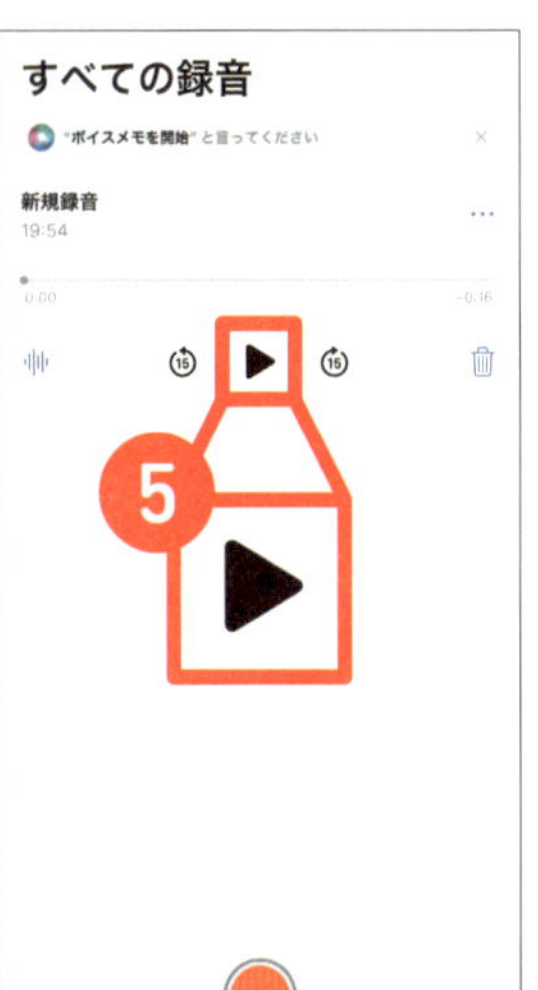

❺音声メモが登録される。再生ボタンをタップすると、録音した音声が再生される。

Androidの場合

レコーダーで録音する

❶ホーム画面を下部から上方向にスワイプ。

❷アプリ一覧画面から「レコーダー」アプリをタップ。

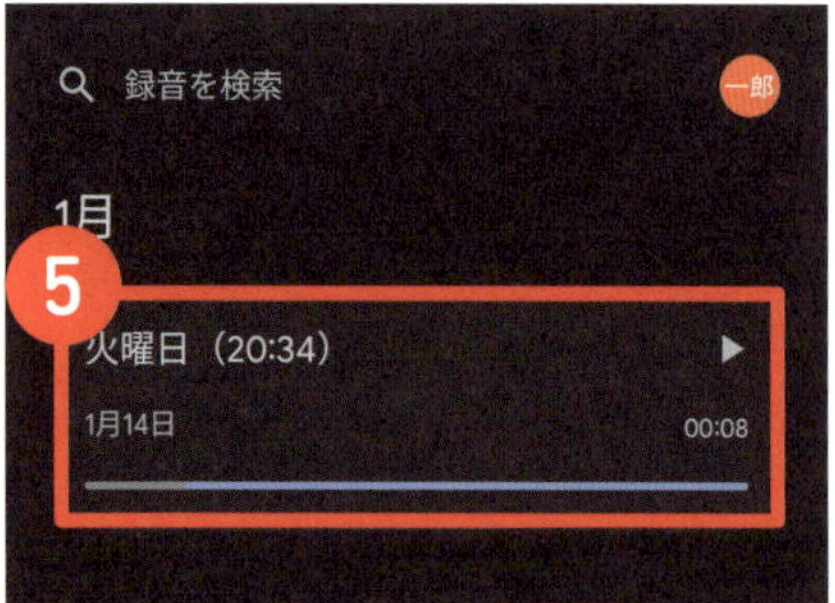

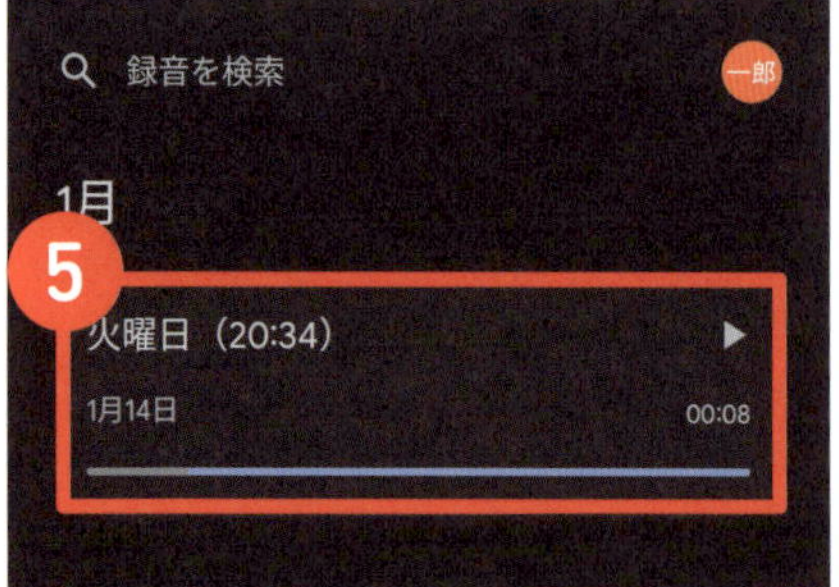

❺保存した録音の一覧から、再生したい録音データをタップして選択する。

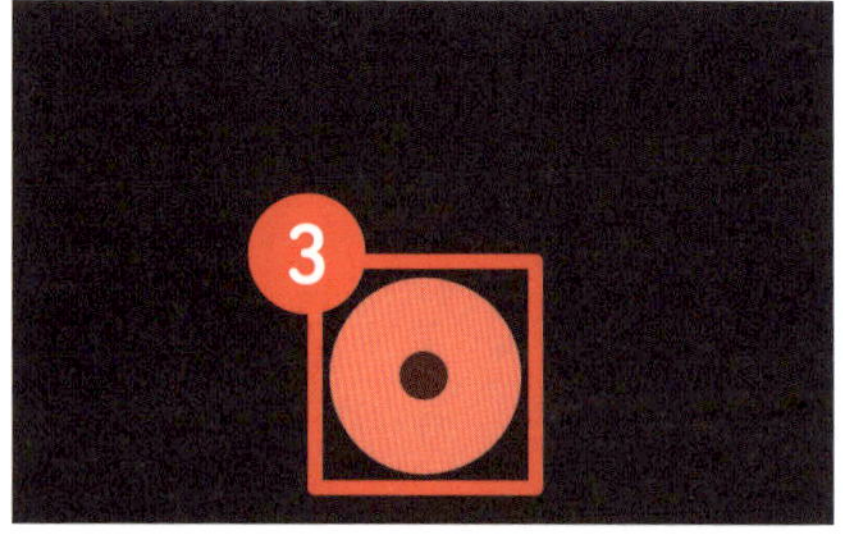

❸録音ボタンをタップし、スマホに向かって話す。

❹終了したら、「保存」をタップ。

❻再生ボタンをタップすると、録音した音声が再生される。

日記や備忘録、なんでも記録「メモ」アプリ

「紙のメモで十分でしょ！」

70歳の女性の生徒さんから言われたのは、特別講座で**「メモ」アプリ**をご案内したときのこと。これまでたくさんのことをノートに書き留めてこられた彼女にとって、紙のノートにメモをとることは、なくてはならない行動だったのだと思います。でも、そんな生徒さんにもこんなことがありました。

ある日、その生徒さんが授業にいらっしゃらず、夜に「授業があるのをすっかり忘れてしまった」とお電話がありました。理由を伺うと、授業日を書いておいたメモを失くしてしまったのだそうです。

また別の日には「**先生に聞きたいことをノートに書いておいたのだけど、どこに書いたのか思い出せない**」と困った様子でおっしゃり、さらには「自分で書いた字が読めな

いこともあるんです」ともおっしゃっていました。

「メモ」アプリには、シニアに寄り添う、やさしい機能が満載

そんなお悩みを聞いて、私は「メモ」アプリのことをもっと知っていただきたいなと思いました。「メモ」アプリなら、「あれ、どこに書いたっけ？」と探し回る必要がありませんし、整理も簡単です。紙のように失くしてしまう心配もありません。さらに、外出先でもスマホさえあれば、いつでも確認できます。

「メモ」アプリの文字は読みやすく、**サイズや色も自由に調整できる**ので、「何て書いたんだっけ？」という心配もなくなります。もちろん、紙のメモの温かさや親しみやすさも素敵なのですが、「メモ」アプリはもっと便利で安心感のある存在になってくれるのです。

「紙のメモで十分」と思っている方も、一度メモアプリを試してみたら、その便利さに驚くことでしょう。

「メモ」アプリ、実際に使ってみたら?

「メモ」アプリの特徴をまとめると次のようになります。

- **メモを紛失する心配がない**
- **整理が簡単**
- **見たいメモをすぐに見つけられる（検索機能）**
- **いつでもどこでも確認できる**
- **文字が読みやすい**
- **文字を大きく拡大できる**

中でもイチオシなのが検索機能。探したい言葉を入力するだけで、必要な情報をすぐに見つけられます。たとえば、お孫さんへのプレゼントを書き留めたメモがどこにあるかわからなくても「孫」と検索すれば、その文字に関連するメモをすぐに見つけられます。紙のメモでは、1ページずつめくって目で探さなければならないので、時間がかかりますよね。文字を大きく拡大することもできるので、目にもやさしいのです。

生徒さんからのお礼のメッセージ

忘れっぽくておっちょこちょいなので、自分でも気をつけてノートに記録していたのですが、実は、自宅にはたくさんのノートがあり、どのノートに記録をつけたのか、自分で探しても見つからない状態になっていました。

教えていただいた「メモ」アプリは、写真が載せられるのも感動でした。書類も写真を撮ってメモに保管しています。

Kさん

旅行の計画を立てたときに、娘と行きたい場所や持ち物リストを作り共有したのですが、すぐに娘が見てくれて「お母さん、すごい！」と言われました。紙では成せぬ技尽くし！　これからもたくさんの事を学んでいきたいです。知らないことは損でしたね。

Sさん

便利な「メモ」アプリに記録してみよう

「メモ」アプリの使い方

iPhoneの場合

「メモ」アプリに記録する

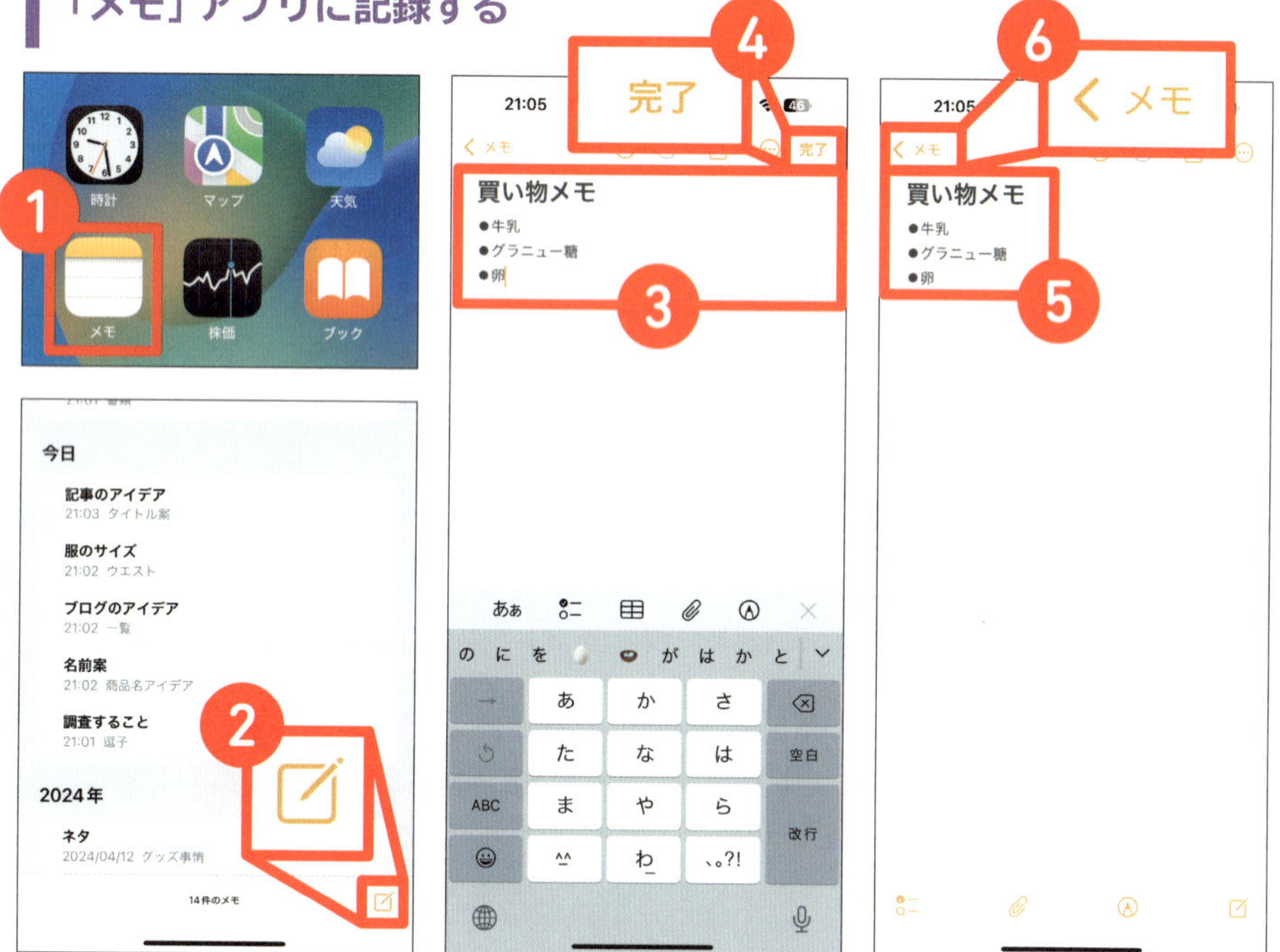

1. 「メモ」アプリをタップして起動する。
2. 画面右下の「新規作成」アイコンをタップ。
3. メモの内容を入力する。
   文字の色を変えたり太字にしたりなど、装飾することも可能。
4. 入力が完了したら、画面右上の「完了」をタップ。
5. メモが保存された。
6. メモの一覧に戻るには、画面左上の「<メモ」をタップ。

iPhoneの場合

メモを検索する

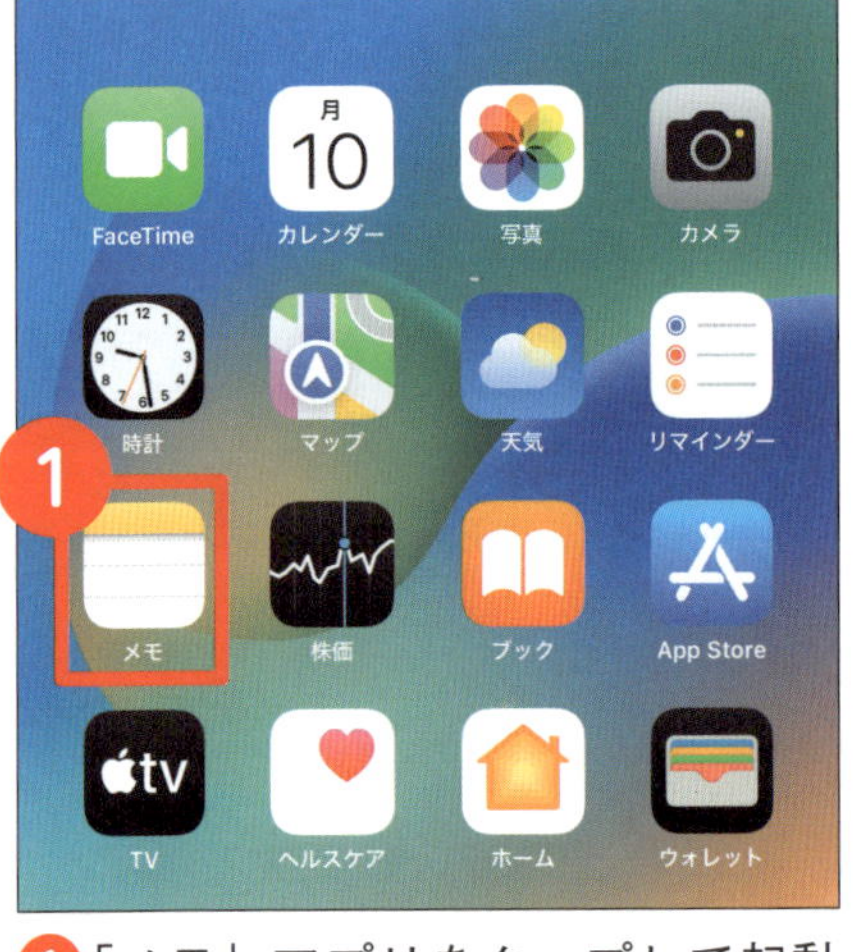

❶「メモ」アプリをタップして起動する。

❷メモの一覧が表示されるので、画面上部の「検索」をタップ。

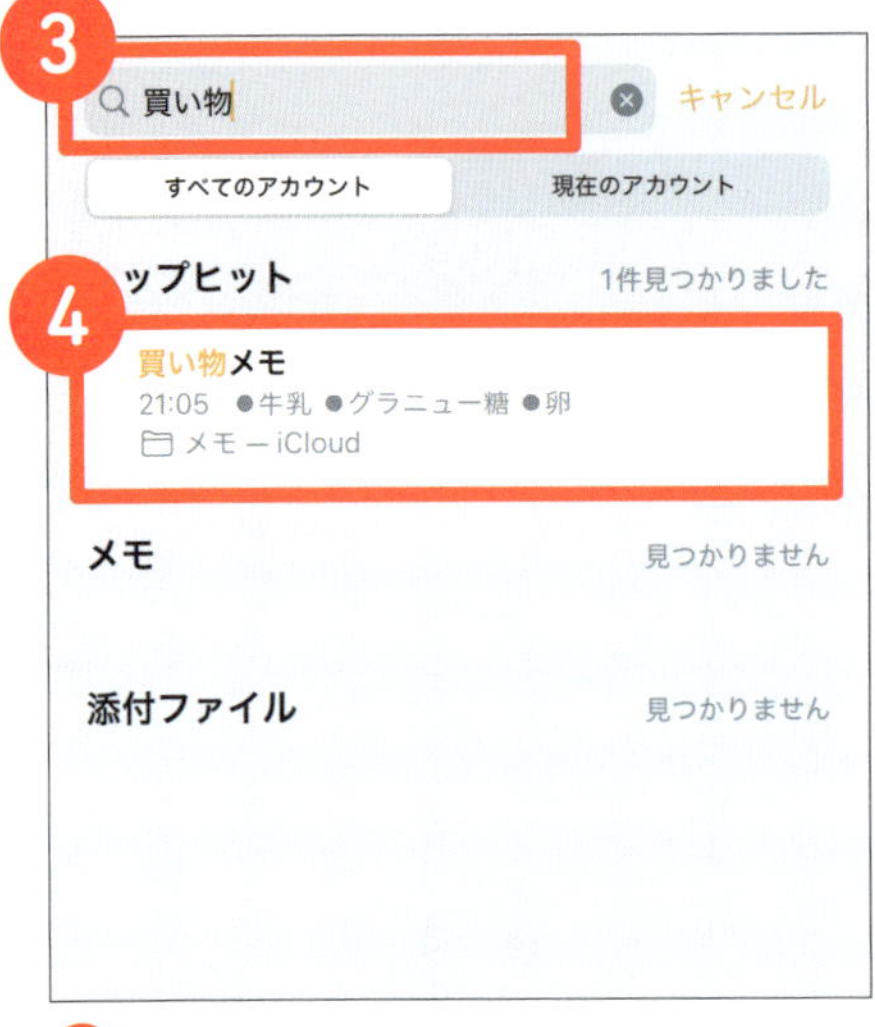

❸検索したい用語を入力する。

❹検索結果が表示されたら、開きたいメモをタップ。

❺検索した用語を含んだメモの内容を確認できる。

Androidの場合

「Keep メモ」アプリに記録する

1 ホーム画面を下部から上方向にスワイプ。

2 アプリ一覧画面から「Keep メモ」アプリをタップ。

3 画面右下の「+」をタップ。

4 「テキスト」をタップ。

5 メモを入力する。

6 入力が終わったら、「←」をタップ。

7 メモが保存された。

Column Androidに「Keep メモ」がない場合

上記の手順2において、アプリ一覧の中に「Keep メモ」アプリがない場合は、「Play ストア」アプリからインストールしましょう（アプリのインストール方法は、106 ページ参照）。

Androidの場合

メモを検索する

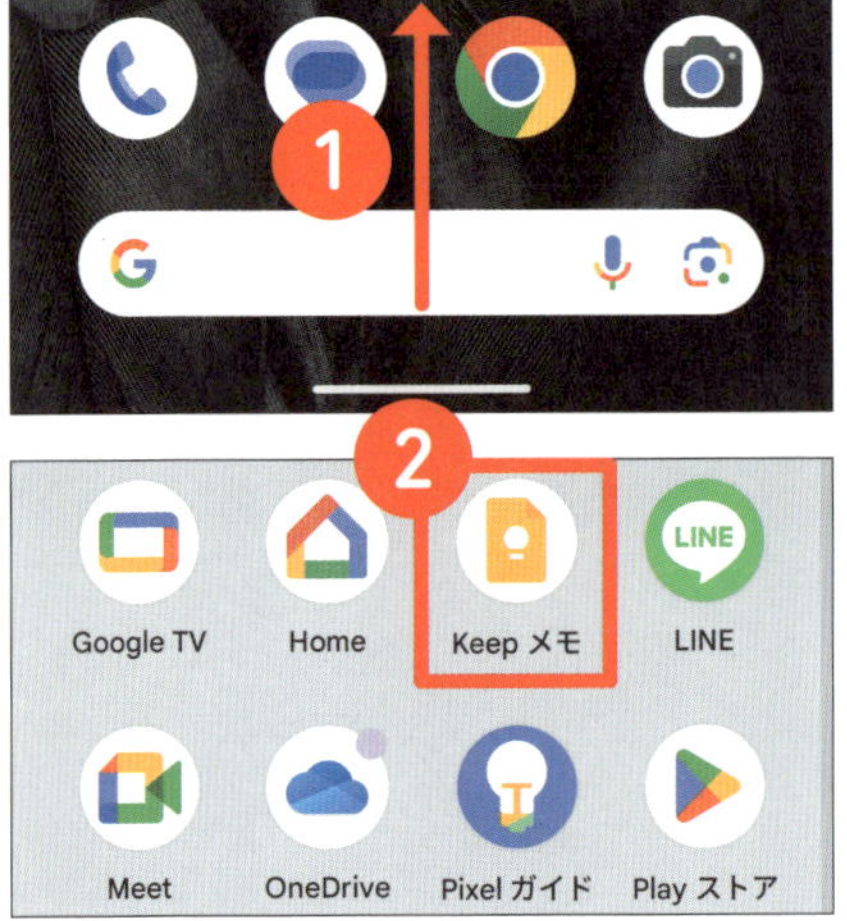

1 ホーム画面を下部から上方向にスワイプ。

2 アプリ一覧画面から「Keep メモ」アプリをタップ。

3 メモの一覧の上部にある「メモを検索」をタップ。

4 検索したい用語を入力する。

5 検索結果が表示されたら、開きたいメモをタップ。

6 キーワードを含んだメモの内容を確認できる。

スマホが日常を変えた日

ある70歳の女性の生徒さんの例をお話しします。息子が「スマホがあれば便利だよ」とすすめてくれたのがきっかけで、スマホを購入しました。使い方もよくわからないので、とりあえず電話とインターネットだけを使おうと考えたとのこと。

スーパーの特売情報を探してみる（グーグル）

まず、スマホの画面にある「Ｇｏｏｇｌｅ（グーグル）」のアイコンをタップ。次に、「〇〇市 スーパー 特売品」と入力しました。すると、いろいろなお店の情報が画面に表示されました。これが**インターネットでできる「検索」**です。

「**新聞の契約もしていないのに、新聞と同じチラシがスマホにあるなんて！**」

気になるお店の名前をタップして、チラシを見ることができました。しかも、新聞の折り込みチラシは、文字が小さくてとても読みづらかったのですが、スマホでは指で画面を拡大できるので、大きな文字で読むことができます。

検索するときの文字入力がちょっと大変だなと思ったときに、ふと思いついたのが**音声検索**です。マイクのマークをタップして「近くのスーパーを教えて」と話しかけてみました。すぐ結果が表示されて、これまた大感激。

この便利さを知ってからは、いろいろな場面でスマホのインターネット検索を活用するようになりました。たとえば、**かかりつけの病院の診察時間**を「○○病院 診察時間」と調べることで、すぐに確認できます。他にも、好きだったグループ・サウンズの歌詞を検索したり、孫と一緒にレシピを検索したりと、楽しんでいるそうです。

シニアにおすすめの調べものをいくつか挙げます。ぜひ検索してみてください。

おすすめ！
いろんなものを調べてみよう！

【日常】

・住んでいる自治体からの情報
・市民センターで行われているイベントの情報
・最寄りのスーパーのお買い得情報

【健康】

・糖尿病に効く食べ物
・膝の痛みを和らげる運動
・病院の評判

【趣味】

・水彩画の描き方
・花の育て方
・好きな音楽の歌詞
・旅行先の情報

【困りごとの解決】

・スマホで困っている内容
・頑固な汚れの落とし方
・機械が故障したときの直し方

好きな用語でウェブサイトを探す

インターネットで検索する

iPhoneの場合

「Safari（サファリ）」アプリで検索する

❶「Safari」アプリをタップして起動する。

❷下部の「検索/Webサイト名入力」をタップ。

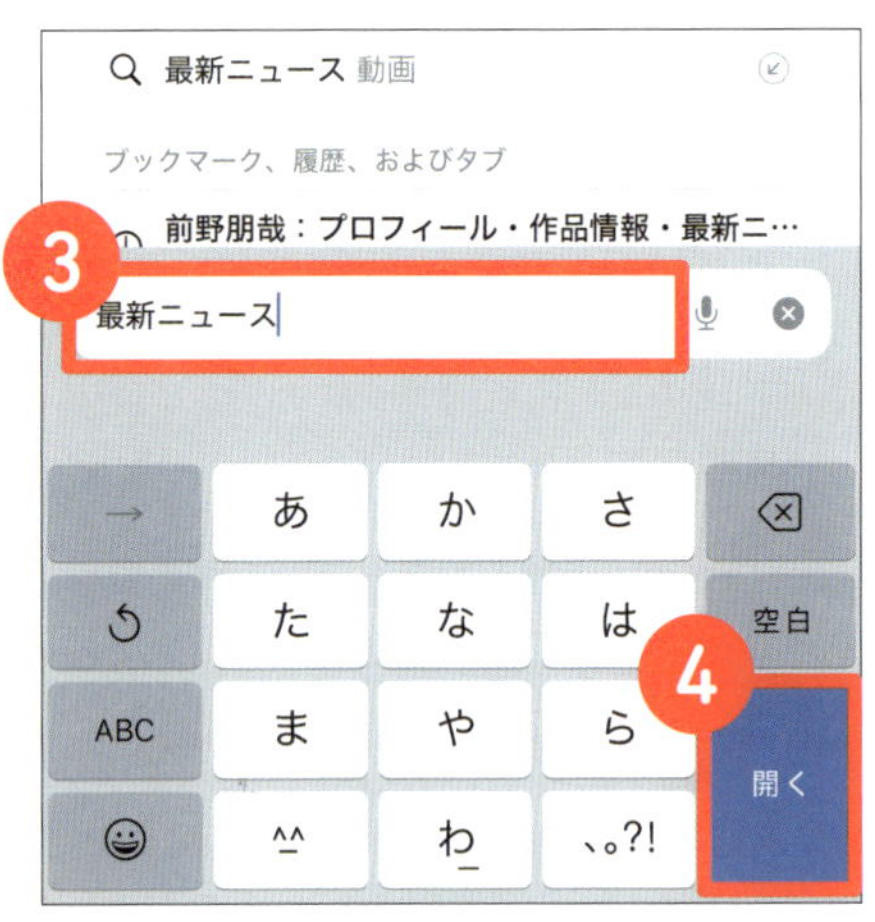

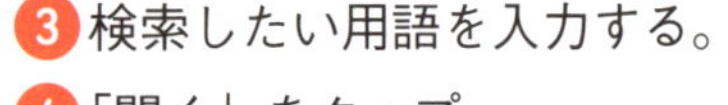

❸検索したい用語を入力する。

❹「開く」をタップ。

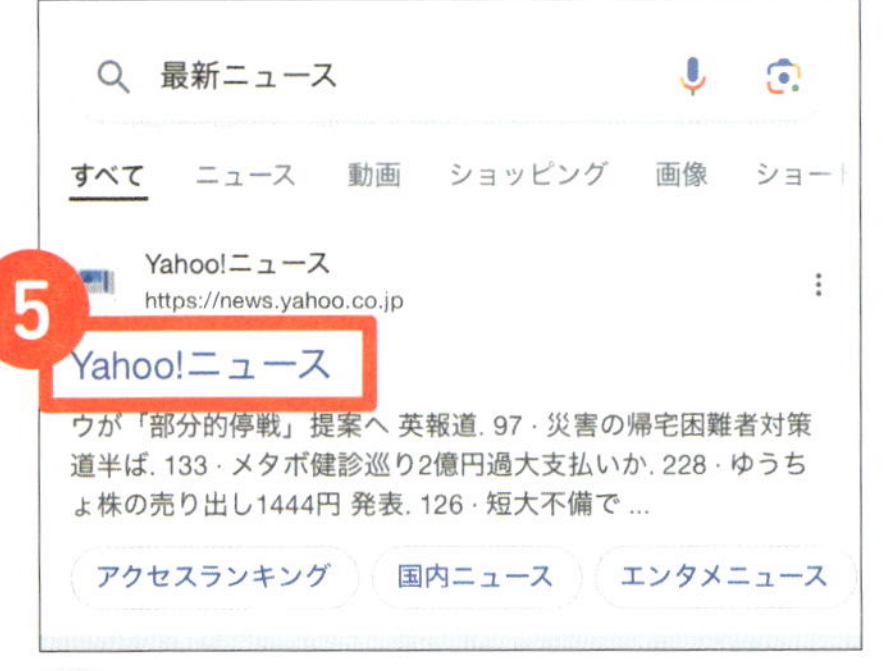

❺検索結果が表示される。読みたいウェブサイトをタップ。

❻ウェブサイトが表示される。

❼検索結果に戻るには、「＜」をタップ。

Androidの場合

「Google（グーグル）」アプリで検索する

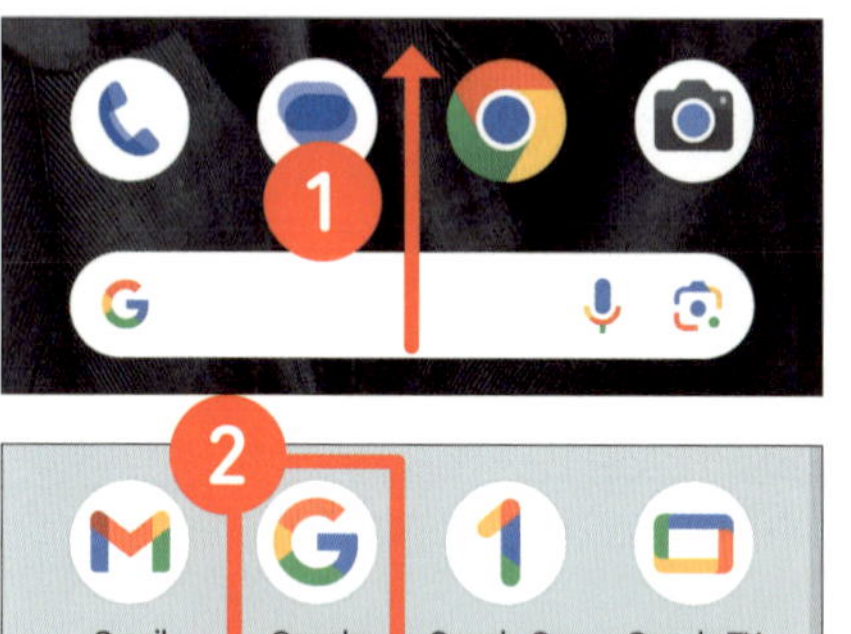

1 ホーム画面を下部から上方向にスワイプ。

2 アプリ一覧画面から「Google」アプリをタップ。

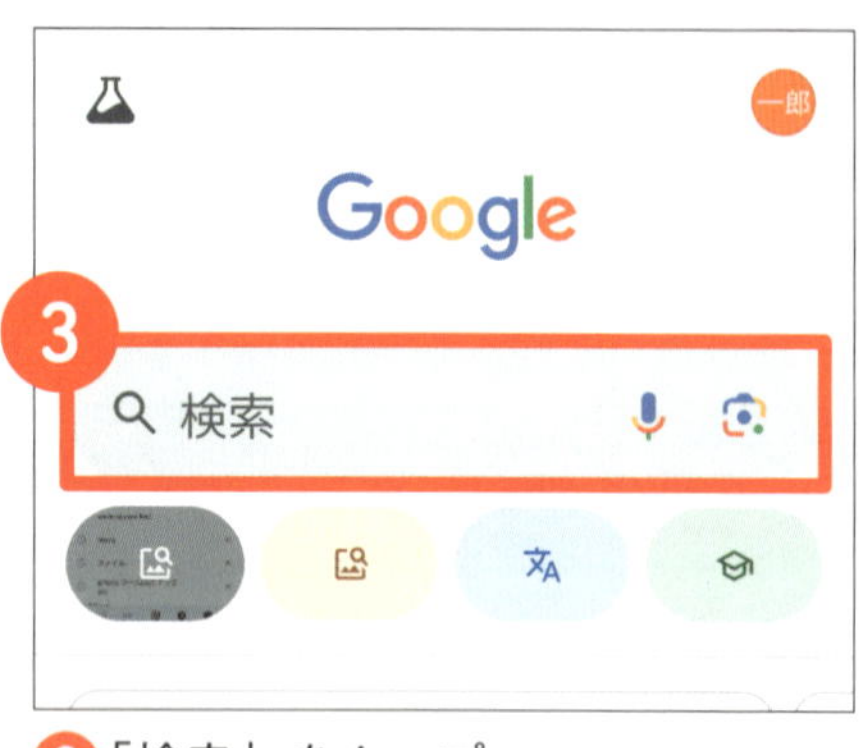

3「検索」をタップ。

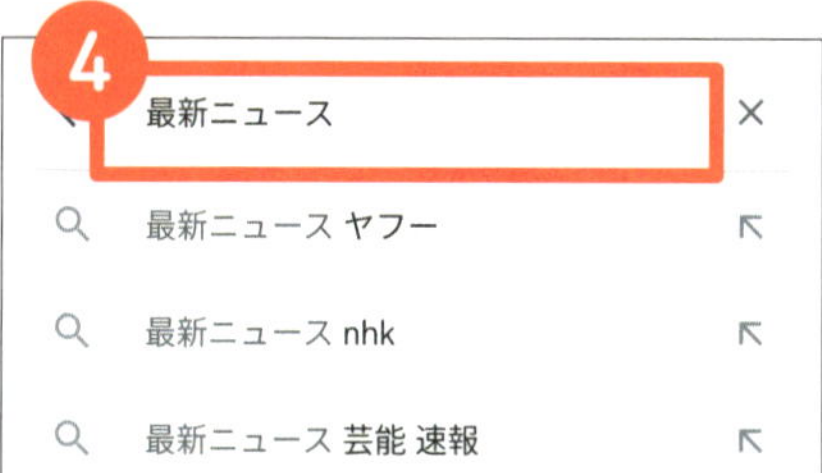

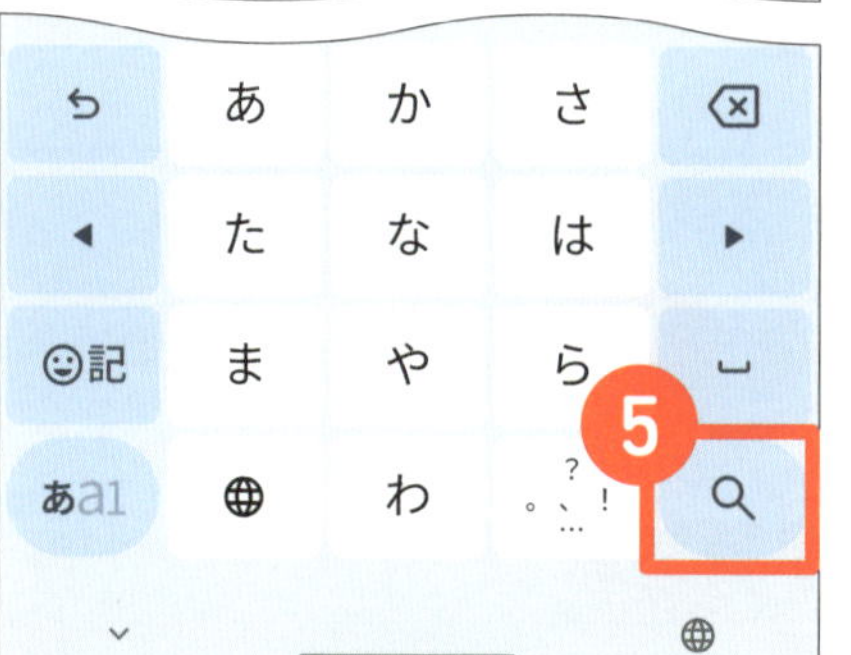

4 検索したい用語を入力する。

5 虫眼鏡ボタンをタップ。

6 検索結果が表示される。読みたいウェブサイトをタップ。

7 ウェブサイトが表示される。

音声検索なら文字入力より簡単に検索可能！

音声検索の使い方

iPhoneの場合

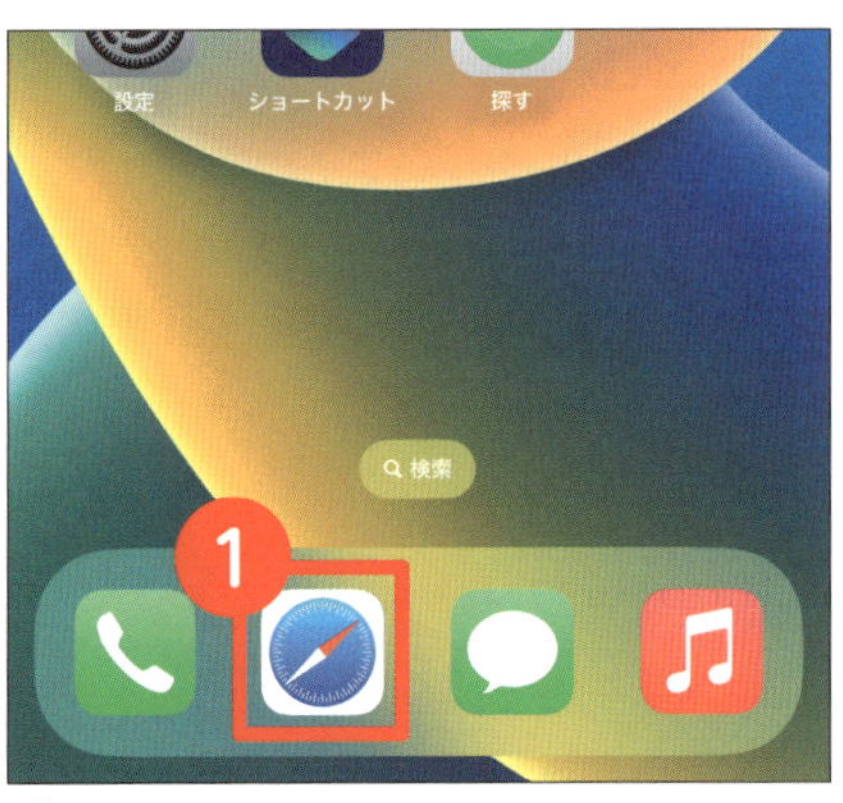

❶「Safari」アプリをタップして起動する。

❷検索欄の右側のマイクをタップ。

❸検索したい内容を話しかけると、検索できる。

Androidの場合

❶ホーム画面を下部から上方向にスワイプ。

❷アプリ一覧画面から「Google」アプリをタップ。

❸検索欄の右側のマイクをタップ。

❹検索したい内容を話しかけると、検索できる。

「カレンダー」で小さな喜びも思い出せる

長野に住んでいた頃に公民館で知り合った、元教師の田中さん。校長の職を退職後、毎日を楽しむために釣りやガーデニング、散歩を続けていましたが、最近は物忘れが気になりはじめたとのこと。そんな中、娘さんから「**Google（グーグル）カレンダー**を使ってみたら？」とすすめられたそうです。

それまで、田中さんは日記をきちんとノートにつけていらっしゃいました。「ノートで十分だし、カレンダーアプリはなんだか難しそうだな……」と少々ためらうも、「予定を入れるだけじゃなくて、日記も書けるんだよ」と言われ、試しにその日の出来事を入力してみることに。

2025年1月17日　はじめての日記
タイトル：「久しぶりの公園散歩」
内容：「今日は天気がよかったので、近くの公園に。紅葉がとてもきれいで、あたり一面を埋め尽くすイチョウの葉が、まるで黄金色の絨毯のようだった。」

簡単に記録できるし、いつでも手軽に振り返れるので嬉しくなったそう。

翌日からも「カレンダー」アプリを開いて、日々の出来事を記録しはじめます。最初は「何も書くことがない」と思っていましたが、意識してみると小さな発見が増えました。職業柄でしょうか、そこから毎日コツコツと記録を続けます……。

「庭の花が咲いた」
「久しぶりの釣り　今回は奮わなかった」

「東京にいる息子からお歳暮。大好きな酒。正月に飲もう！　とのこと」

田中さんのお気に入りの使い方は、**月ごとの振り返り**。1か月分の日記を見返していると、自分がどれだけ充実した日々を過ごしているかを実感できるようになったそうです。

さらに、お嬢さんに教わりながら、写真を日記に添付する方法も覚えました。孫との通話のスクリーンショットや庭の花の写真を添えることで、日記がどんどん華やかになっていきます。

日記から発展！　未来への楽しみも

日記をつける習慣がついた田中さんはさらに、**未来の予定**も書き込むようになります。これまでは「次の予定がない」という漠然とした不安を感じていましたが、予定を書き込むことで「**これからも楽しみがある**」と感じられるようになりました。さらに、予定を書き込む中で「リマインダー」機能を発見。これは、入力した予定を通知してくれるというものです。試しに設定してみると、スマホが予定を事前に教えてくれるように！予定を忘れることがなくなったのです。

「**デジタルは難しいと思っていたけど、やってみると案外楽しいな**」とおっしゃっていました。新しい技術に挑戦したことで、毎日がさらに豊かになったようです。

仕事はリタイアしたから、予定はつけなくてもいいなどとお考えのシニアの方にこそ、「カレンダーアプリの魅力」を感じていただきたいです。

iPhoneで予定を管理しよう

「iPhoneカレンダー」の使い方

iPhoneの場合

「カレンダー」で予定を登録する

1. 「カレンダー」アプリをタップして起動する。
2. 画面右上の「＋」をタップ。
3. 予定を登録する画面が表示される。画面上部の入力欄をタップして、予定を入力する。
4. 「開始」の日付をタップ。
5. カレンダーが表示されるので、予定の日付をタップ。

❻「開始」の時刻をタップ。

❼時刻と分の数値を上下にドラッグして、開始の時刻を設定する。

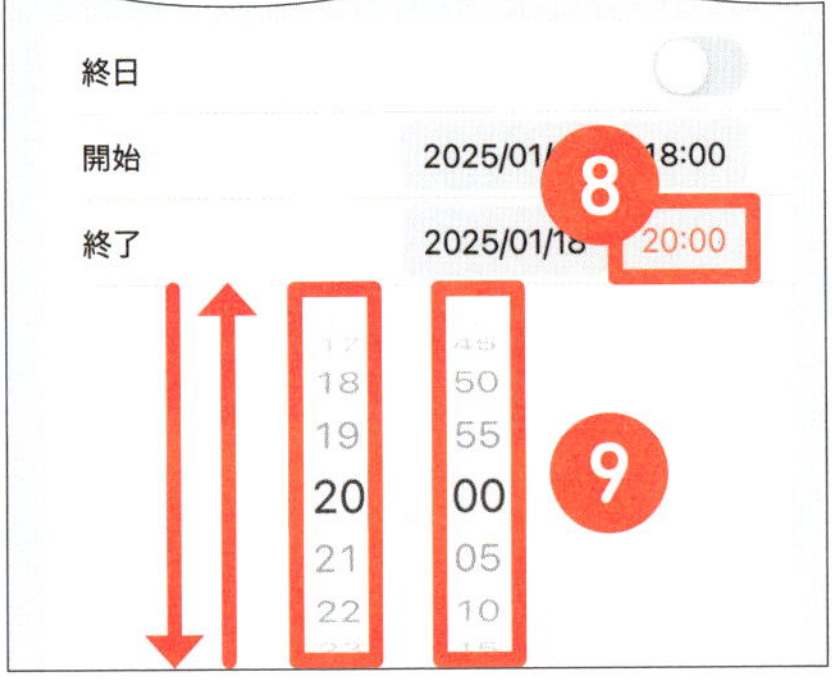

❽「終了」の時刻をタップ。

❾開始と同じように、終了の時刻を設定する。

❿設定したら「追加」をタップ。

iPhoneの場合

登録した内容を確認する

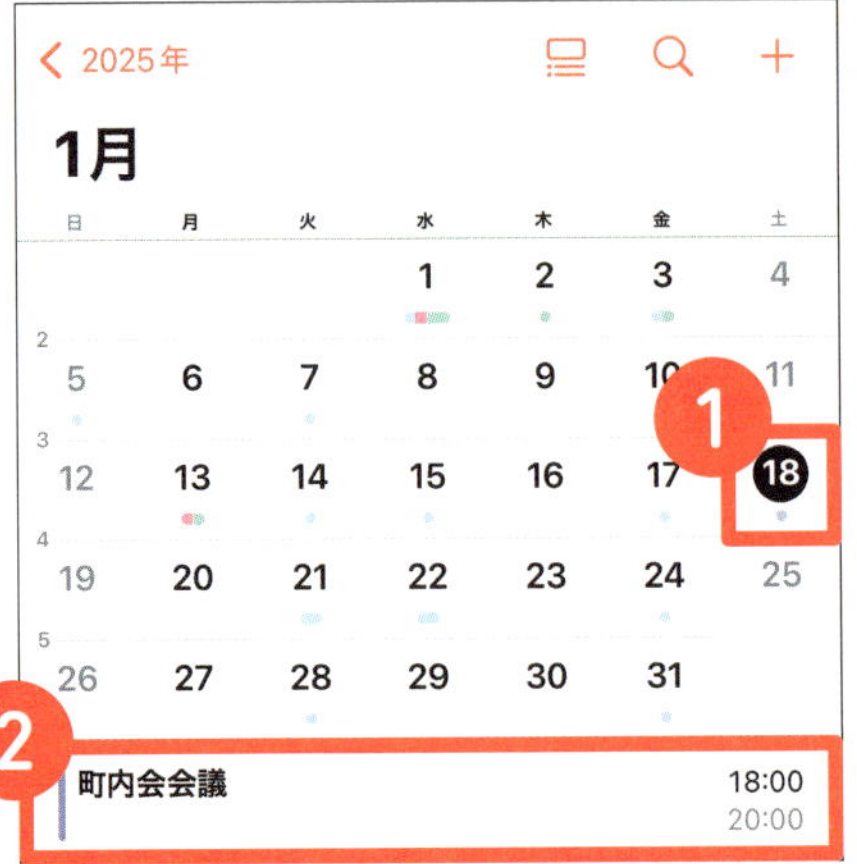

❶カレンダーの日付をタップ。

❷登録した予定をタップ。

❸予定を確認できる。

❹左上の「<○月」をタップすると、カレンダーに戻る。

iPhoneの場合

予定にリマインダー（通知）を設定する

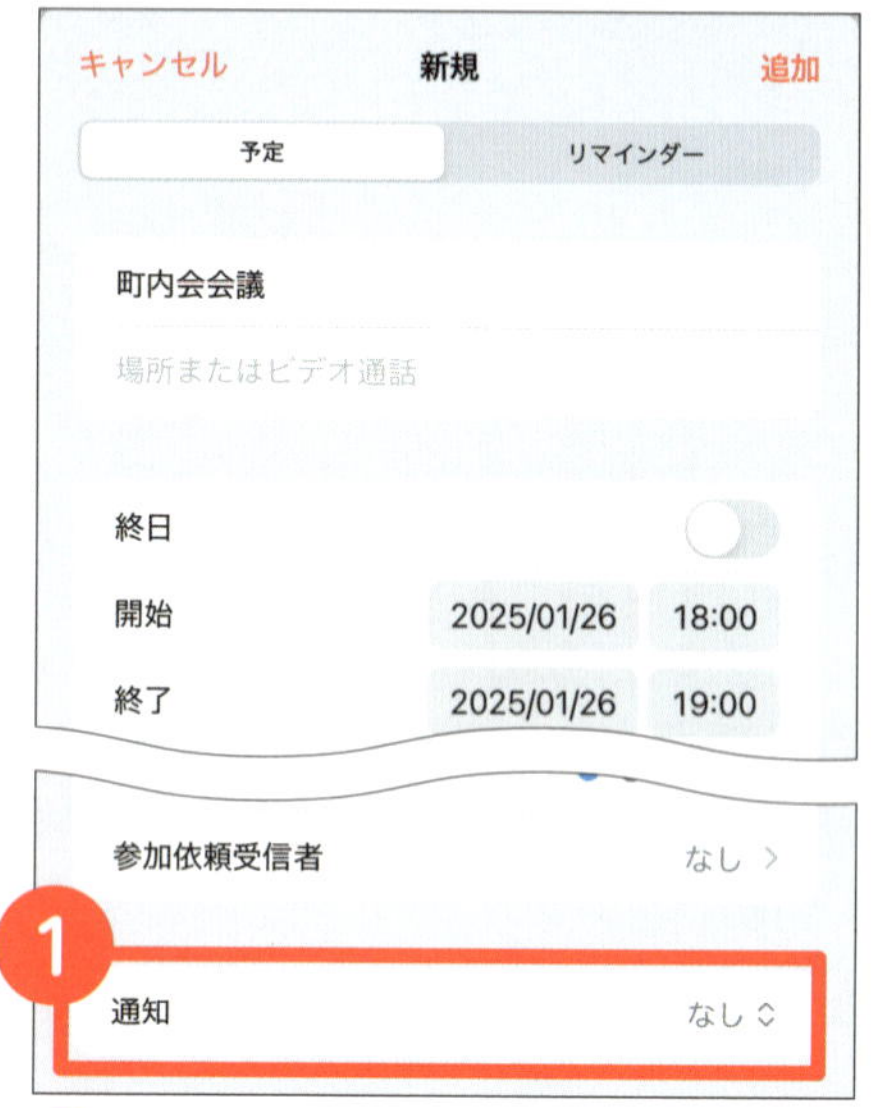

❶予定を登録する画面で「通知」をタップ。

❷時間の一覧から、予定を通知してほしい時間をタップ。

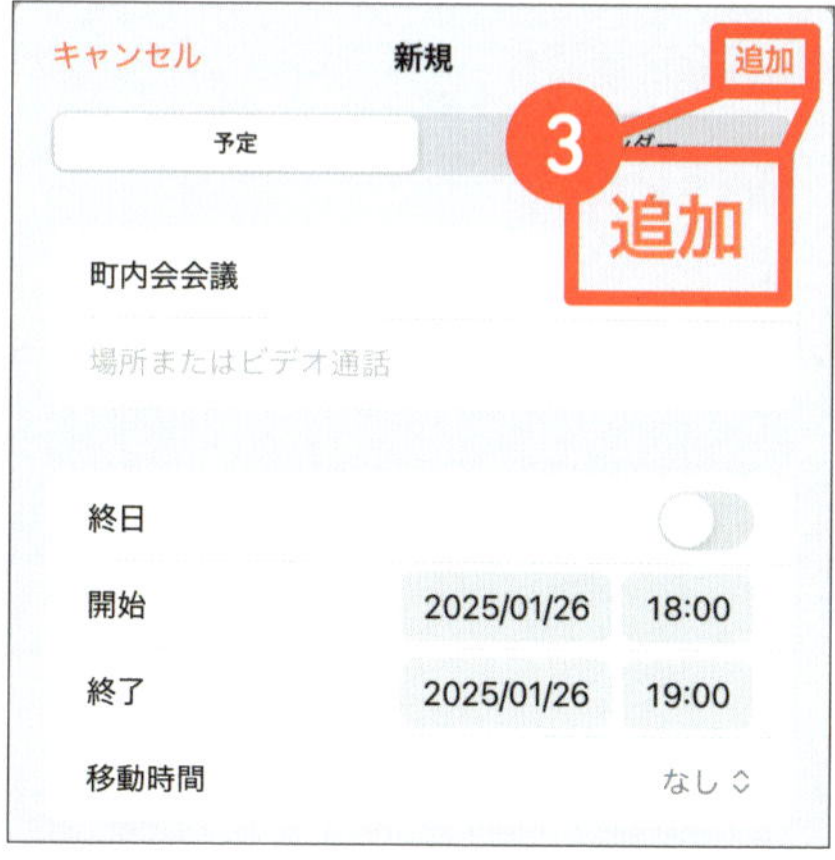

❸画面右上の「追加」をタップすると、リマインダー（通知）付きの予定が登録される。

❹設定した時間になると、スマホの画面上部に通知が表示される。

Android で予定を管理しよう

「Google カレンダー」の使い方

Android の場合

「Google カレンダー」で予定を登録する

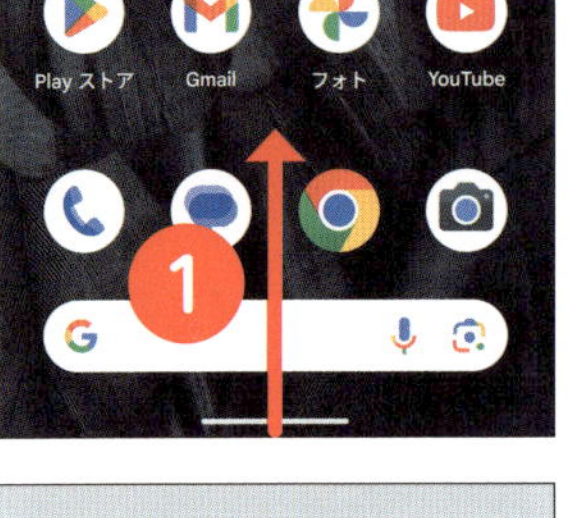

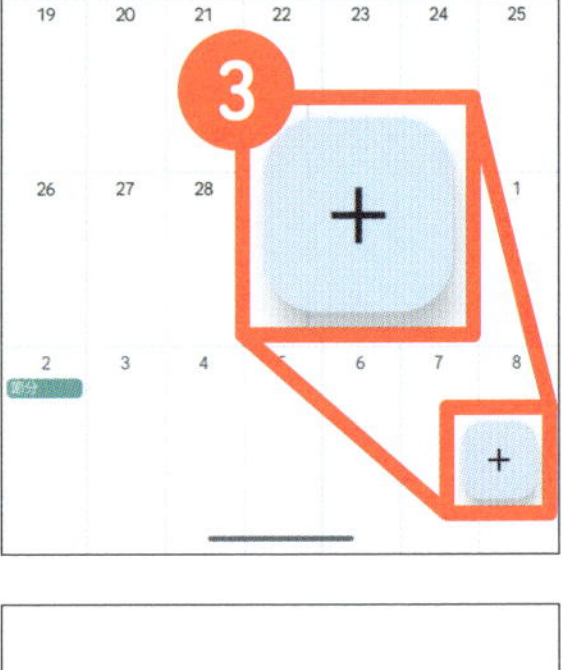

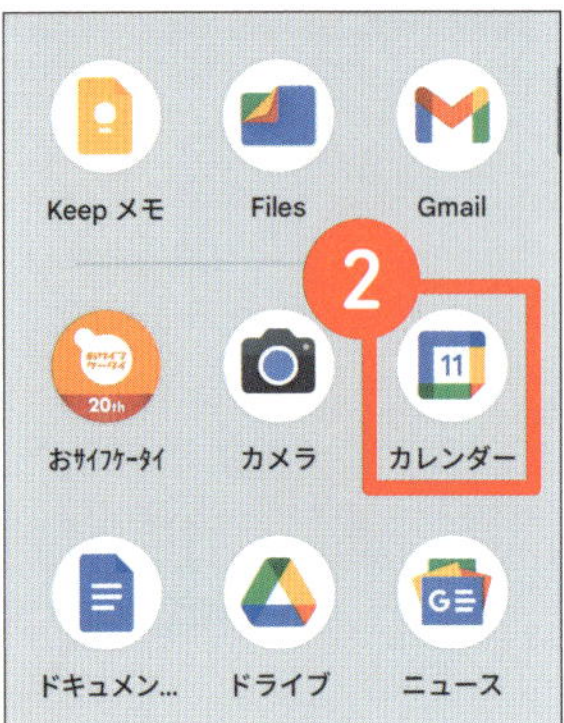

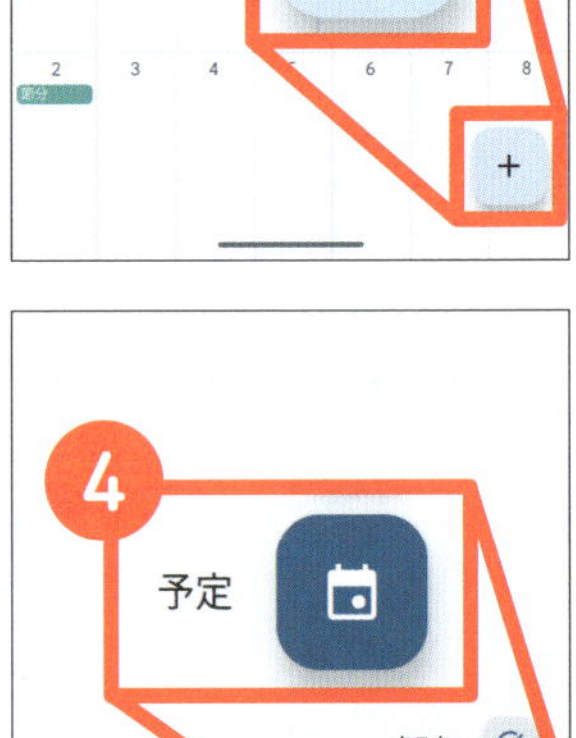

1. ホーム画面を下部から上方向にスワイプ。
2. アプリ一覧画面から「カレンダー」アプリをタップ。
3. 画面右下の「+」をタップ。
4. 「予定」をタップ。
5. 予定を登録する画面が表示される。画面上部の入力欄をタップし、予定を入力する。
6. 上の日付が開始日、下の日付が終了日になる。まずは上の日付をタップ。

❼開始日をタップして設定。

❽「OK」をタップ。

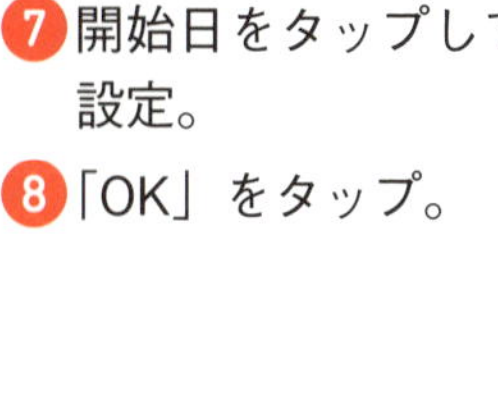

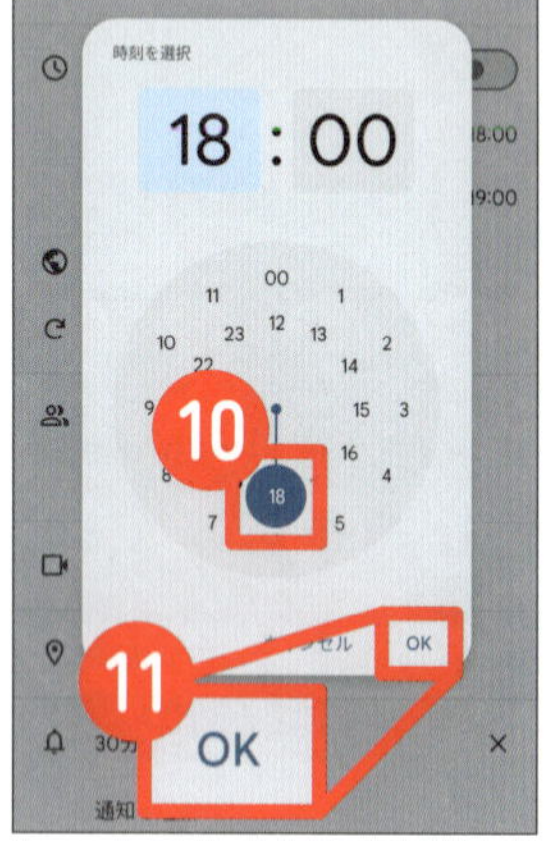

❾続いて、時間をタップ。

❿時計の青い丸のアイコンを目的の時刻までドラッグして設定する。

⓫「OK」をタップ。

⓬同様の方法で、終了日の日付や時刻を設定する。

⓭「保存」をタップ。

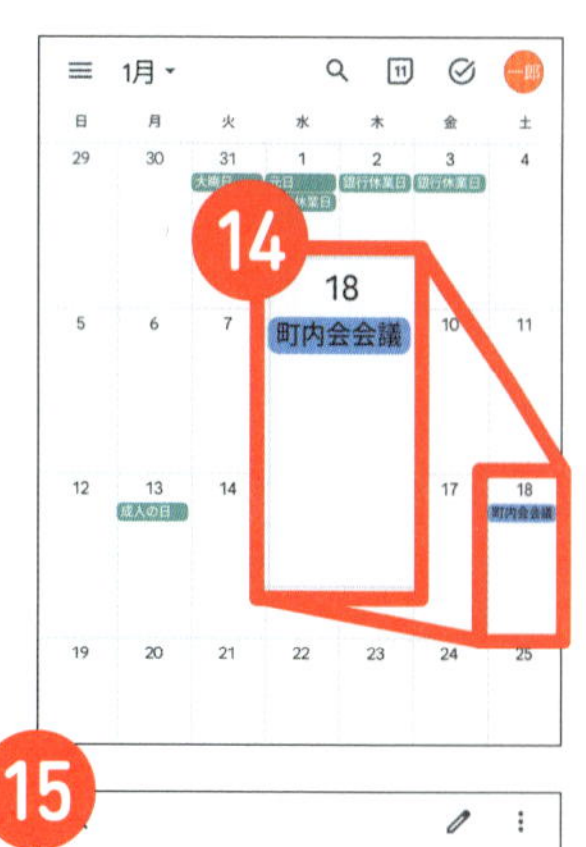

⓮カレンダーに予定が登録された。タップしてみよう。

⓯予定の詳細を確認できる。

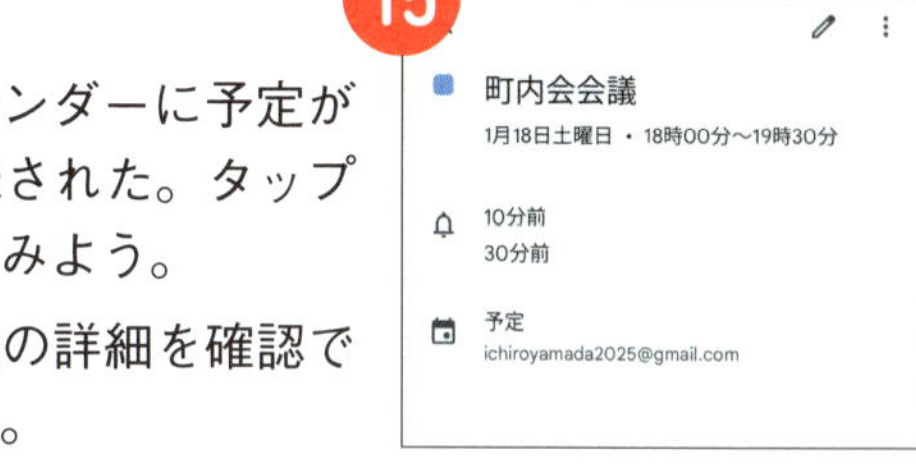

Androidの場合

予定にリマインダー（通知）を設定する

1 予定を登録する画面で「通知を追加」をタップ。

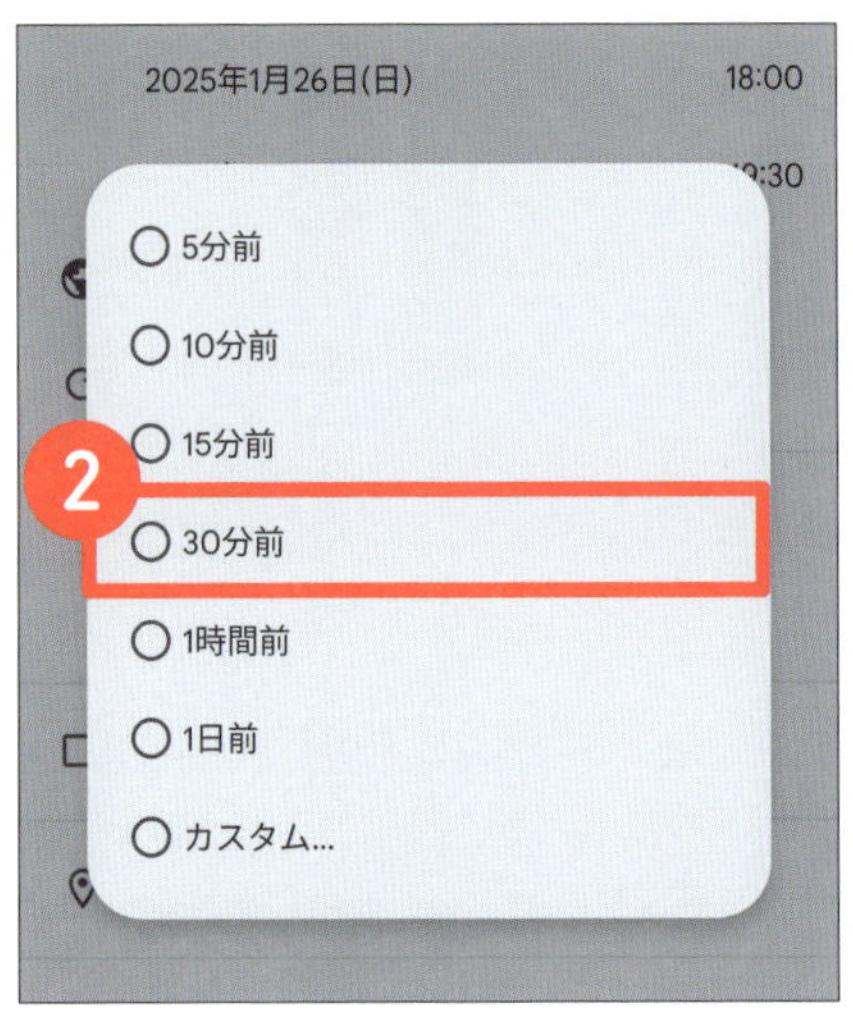

2 時間の一覧から、予定を通知してほしい時間をタップ。

3 画面右上の「保存」をタップすると、リマインダー（通知）付きの予定が登録される。

4 設定した時間になると、スマホの画面上部に通知が表示される。

スマホのライトは災害時にも役立ちます！

ある日の夜、テレビを一人で観ていたら、突然停電が発生。部屋は真っ暗に。**すかさず、手元にあったスマホの「ライト」機能をオンにして明かりをつけました**。ほんの少しですが、部屋が明るくなり、ほっとしたことを覚えています。

災害用の懐中電灯は玄関のリュックの中に入れていましたが、暗い中で取りにいくのは危険です。何かにつまずいて転んでしまっては大変です。その点、スマホはいつも手元にあるので、この「ライト」機能を覚えておくことは大切です。

iPhone コントロールパネルの「ライト」ボタンを押す

Android クイック設定パネルの「ライト」ボタンを押す

少し応用的な使い方ですが、**ペットボトルに水を入れて、スマホ**

のライトを下から照らすと柔らかい光が広がるため、非常灯になります。停電時や災害時にはこのような使い方も役立ちます。

日常で懐中電灯を使うシーンは、他にもたくさんあります。

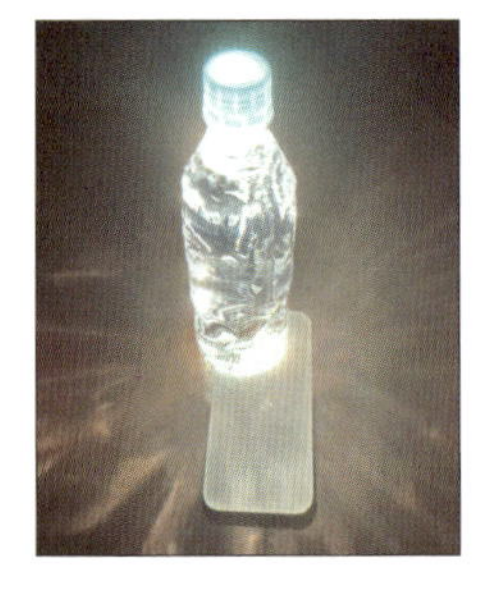

ペットボトルに水を入れ、ライトを下から照らす。

- **夜間の散歩**
- **押し入れなど、暗い収納スペースで物を探すとき**
- **家の中の暗い場所を移動するとき（階段など）**

スマホの「懐中電灯」はさっと使える便利な機能です。使い方に慣れておけば、停電時など、いざというときにもスムーズに利用できます！

緊急時にも役立つ懐中電灯の使い方を覚えよう

スマホのライトの使い方

iPhoneの場合

❶ホーム画面の右上隅から下方向にドラッグして、コントロールセンターを表示する。

❷ライトのボタンをタップすると、ライトが点灯する。再度タップすると、消灯する。

Androidの場合

❶画面の上端に指を置いて下方向にスワイプし、クイック設定パネルを表示する。

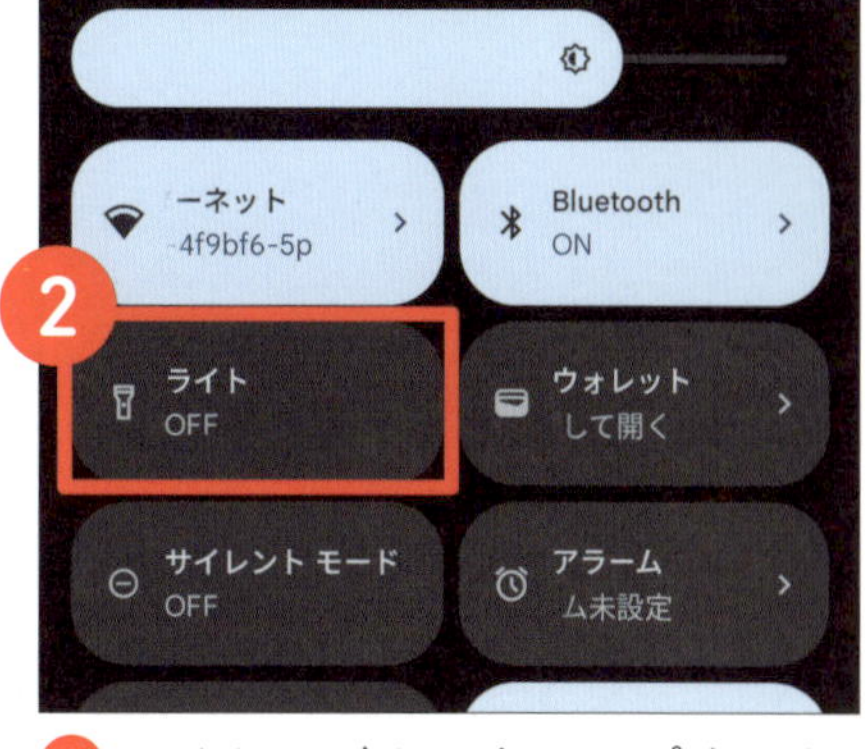

❷ライトのボタンをタップすると、ライトが点灯する。再度タップすると、消灯する。

第3章

70代、80代からはじめる！便利なアプリの使いこなし術

アプリを追加すれば、楽しみがさらに広がる！

「スマホは持っているけれど、家族にすすめられて仕方なく持っているだけ」

とおっしゃるご高齢の女性に、とあるお寺で出会いました。出かけるときも、スマホは自宅に置いたまま持ち歩かないそうです。こういったデジタルものは嫌い、とのこと。

彼女とはたまたまご縁があって、少しの間お話をさせていただいたのですが、とても素敵な方で、私が遠方から来ていることを伝えると、興味深そうに話を聞いてくださり、会話も弾みました。ただ、私がパソコンやスマホの講師をしていることは気まずくて話せませんでした。

空は透き通るような快晴。冬の始めを知らせる初雪を観測した翌日で、雲ひとつないよく晴れた日でした。彼女は陽だまりを見つけて腰をかけ、ふとこんなことをおっしゃいました。

「私ね、このお寺の和尚さまの説法が大好きで、今日会えるかなと思ってここに来たのです。でも、今日は不在のようで会えませんでした」

「法話が大好きで、よく本を読んでいるんです。だけど、最近は字が小さくて読みづらくなってしまって……」

偶然、私はここに来るまでの道中、ＹｏｕＴｕｂｅ（ユーチューブ）を観ていました。ＹｏｕＴｕｂｅは、グーグル社が運営する無料の動画共有アプリです。誰でも動画を投稿・閲覧でき、世界中で利用されています。

このアプリをスマホに入れて好きな動画を再生すれば、手作業をしながらでも楽しむことができます。家事をするときや、今回のように遠方に出かけるときも、よく利用しています。

「**和尚さまの法話は、無料で観ることができますよ**。映像だから、目の前でお話してくださっているように感じられて、とってもいいんです」

と切り出してみると、びっくりされていました。

その場ですぐにスマホを出して、その女性に動画を見せてみました。すると、「デジタルものは嫌い」から一変して、いたく感激されていました。

最初の一歩があるから二歩目が出る

「アプリ」はスマホに新しい機能を追加できる道具のようなものです。入れたり削除したりできます。ＹｏｕＴｕｂｅもアプリのひとつです。ただ、いきなり「アプリを入れてみて」と言われても、難しく感じてしまうかもしれません。しかし、アプリはスマホの中に眠る宝物のようなもの。敬遠するのはもったいないと感じています。

アプリは数えきれないほどあります。ぜひ楽しみながら、自分の気持ちを楽しませてくれるアプリや、目が弱くなったり、耳が聞こえづらくなったりしたときにサポートしてくれるアプリなど、ご自身に合ったアプリを少しずつ探してみてほしいのです。

せっかくこんな便利な時代に私たちは生きているのです。シニアの方にこそ、さまざまなアプリに触れて、生活をより豊かにしていただきたいと切に願っています。

アプリを追加してスマホを便利にしよう！

新しいアプリを入れる方法

iPhoneの場合

❶ホーム画面の「App Store」アプリをタップして起動する。

❷画面下部にある「検索」ボタンをタップ。

❸上部の検索欄をタップ。

Column App StoreとPlayストア

新しいアプリは、iPhoneなら「App Store（アップストア）」、Androidなら「Playストア」から探せます。なお、新しいアプリをスマホの中に入れることを「インストール」といいます。

インストールの際、「入手（またはインストール）」が表示されている場合は無料で、ボタンに金額が書いてある場合は、有料のアプリです。

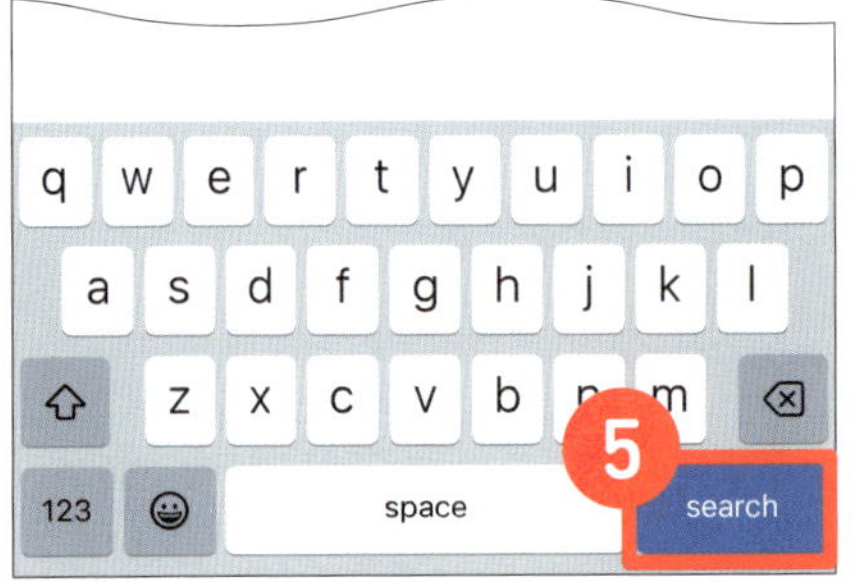

❹インストールしたいアプリ名を入力する（ここでは「LINE」）。

❺「search」をタップ。

❻検索結果が表示される。インストールしたいアプリ名をタップ。

❼アプリの詳細情報を確認する。インストールをする場合は、「入手」をタップ。するとダウンロードが開始される。

❽「開く」に変わったら、タップするとアプリが起動する。

❾インストールしたアプリは、ホーム画面に表示される。次回以降はホーム画面からアプリをタップして起動する。

Androidの場合

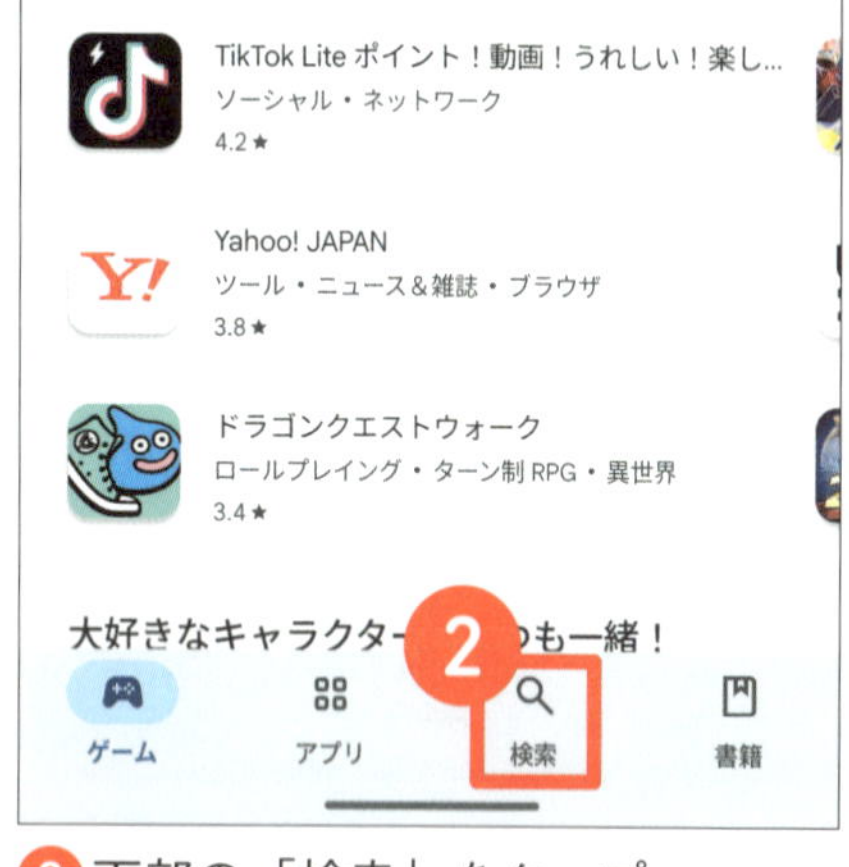

❶ホーム画面の「Play ストア」アプリをタップして起動する。

❷下部の「検索」をタップ。

❸上部の検索欄をタップ。

❹インストールしたいアプリ名を入力する（ここでは「LINE」）。

❺虫眼鏡のボタンをタップ。

6 検索結果が表示される。インストールしたいアプリ名をタップ。

7 アプリの詳細情報を確認する。インストールをする場合は、「インストール」をタップ。

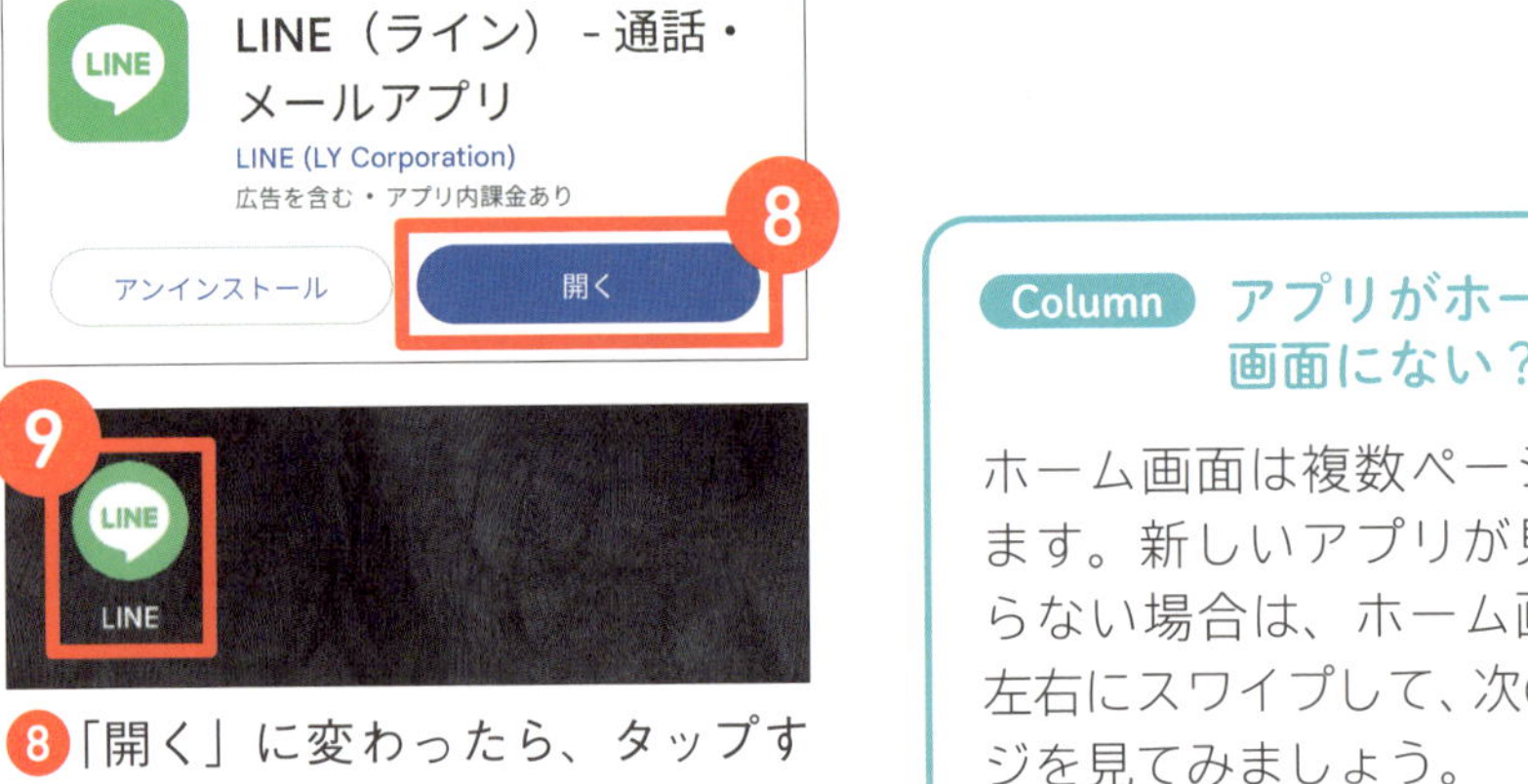

8 「開く」に変わったら、タップするとアプリが起動する。

9 インストールしたアプリは、ホーム画面に表示される。次回以降はホーム画面からアプリをタップして起動する。

Column アプリがホーム画面にない？

ホーム画面は複数ページあります。新しいアプリが見つからない場合は、ホーム画面を左右にスワイプして、次のページを見てみましょう。
なお、Android はホーム画面の何もないところを上方向にスワイプすると、アプリの一覧を表示できます。

「LINE」でもっと気軽にお話ししましょう

「おじいちゃん！　ラインを入れてよー！」

72歳の男性の生徒さんから、ある日ご相談がありました。週に一度、遠方に住む息子さんと電話を繋いで、3歳になるお孫さんとお話するのを楽しみにしていたのですが、ある日そのお孫さんからこんなことを言われてしまったとのこと。どうも息子さんがお孫さんを盾に、LINE（ライン）を使わせようとしているご様子……。

「電話さえできたら十分だと思っていたのだけれど。孫のかわいいお願いは、断れないよ」

困ったようで嬉しそうな生徒さんのお願いに、私も思わず笑顔になりました。

「LINE」アプリで距離が縮まった

LINE（ライン）は、**文章や写真を送り合える無料のアプリ**です。メールに近いのですが、そこまで堅苦しくなく、もっと気軽に一言、二言からやり取りできます。さらに、お相手と一対一で話すだけでなく、複数人で一堂に会しての話し合いもできます。家族のみんなで、お友だちグループで、ワイワイと言葉を交わせるので、メールとはまた違った楽しさ、便利さを感じていただけると思います。

そんなにやり取りする話もないけどねぇ、などとおっしゃりながらＬＩＮＥを入れた生徒さん。その後、息子さんご夫婦とグループを作り、お２人からお孫さんのお写真や動画、日々あったことなどが送られてくるようになったそうです。孫だけでなく、息子さんや奥さまとの距離も縮まったようだ、と報告してくださいました。

まずはアカウントの登録と初期設定

LINEを登録する

お使いのスマホに「LINE」アプリがインストールされていない場合は、本項を読み進める前に、104ページまたは106ページの方法で「LINE」アプリをインストールしてください。

iPhone・Android共通

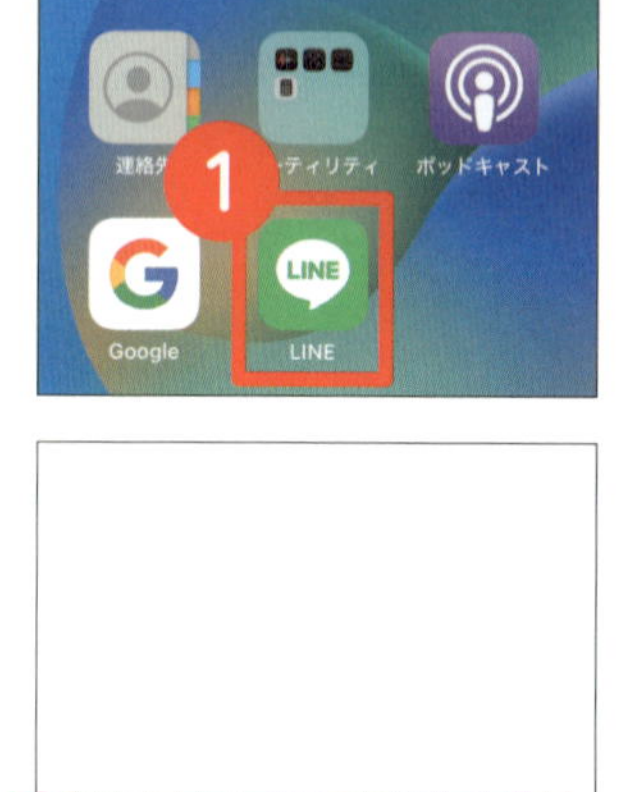

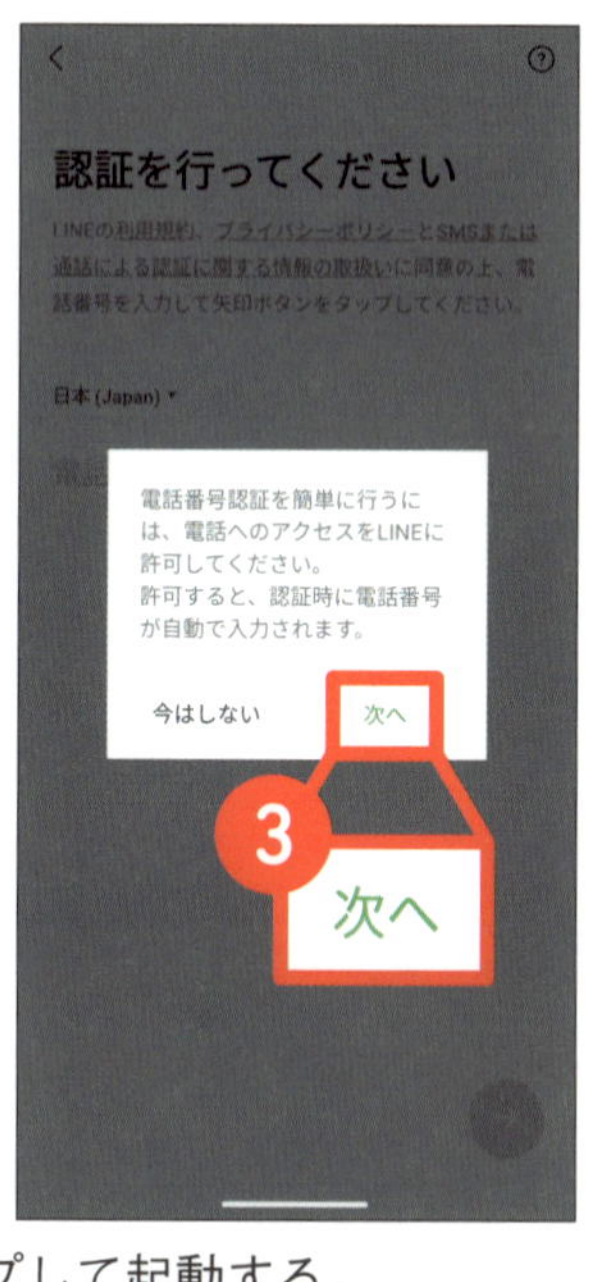

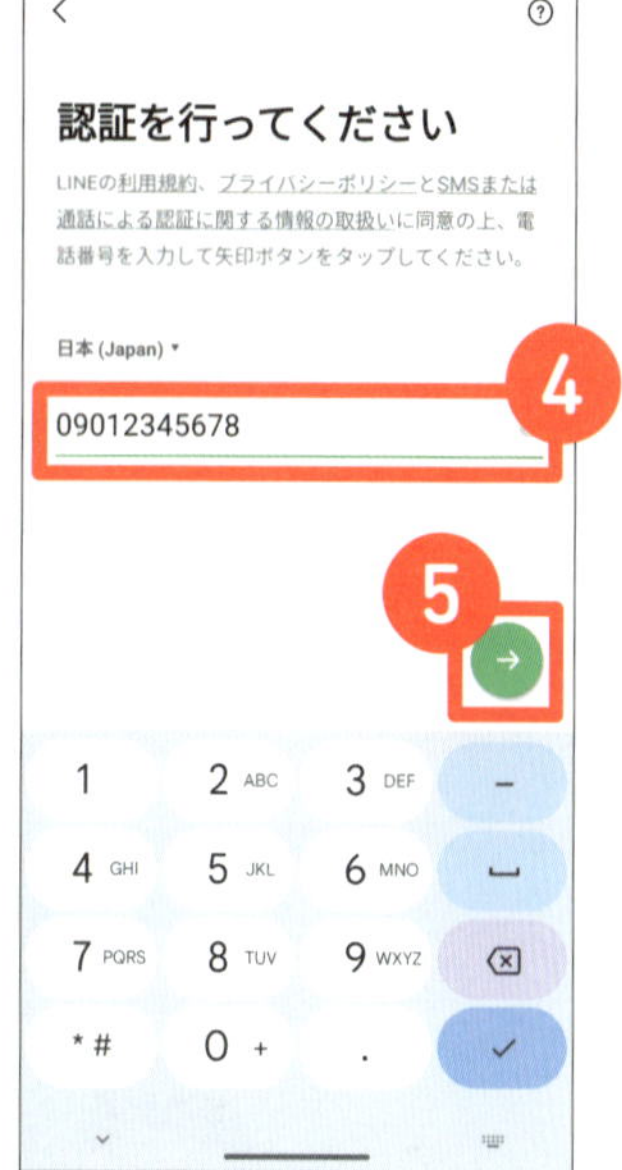

❶「LINE」アプリをタップして起動する。

❷「新規登録」をタップ。

❸電話番号へのアクセスを許可すると、電話番号の入力が簡単になる。「次へ」をタップ。

❹スマホの電話番号を確認する。

❺「→」をタップ。

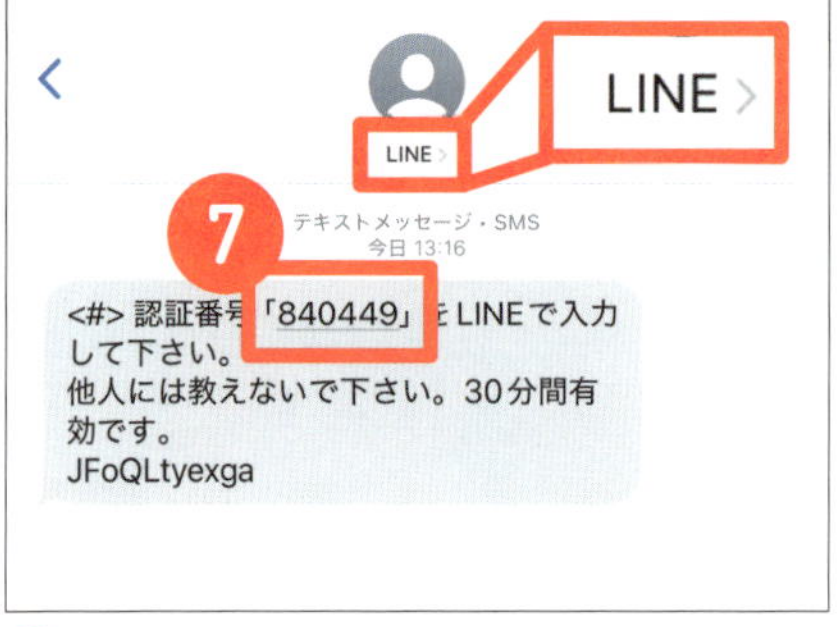

❻一度ホーム画面に戻り、「メッセージ」アプリをタップ。

❼LINE から送られてきている６桁の認証番号を控える。

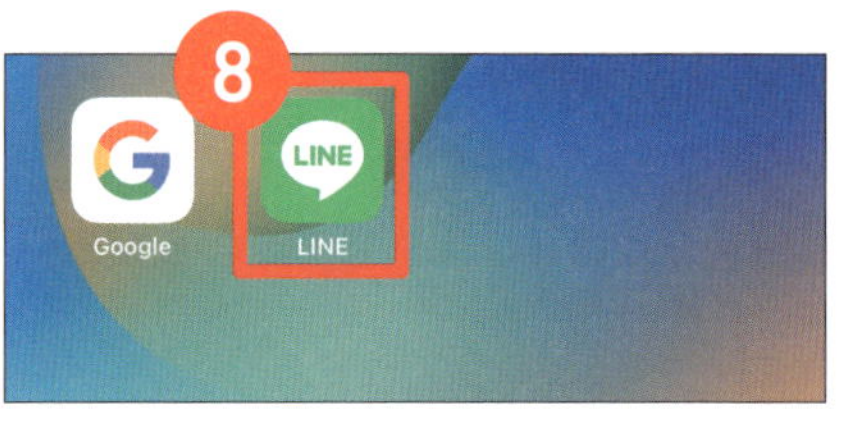

❽一度ホーム画面に戻り、再度「LINE」アプリをタップ。

❾先ほど控えた６桁の認証番号を入力する。

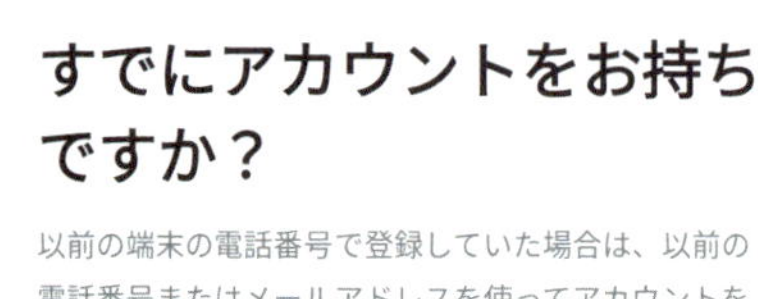

❿「アカウントを新規作成」をタップ。

⓫LINE で表示する自分の名前（本名でなくてもよい）を入力する。

⓬「→」をタップ。

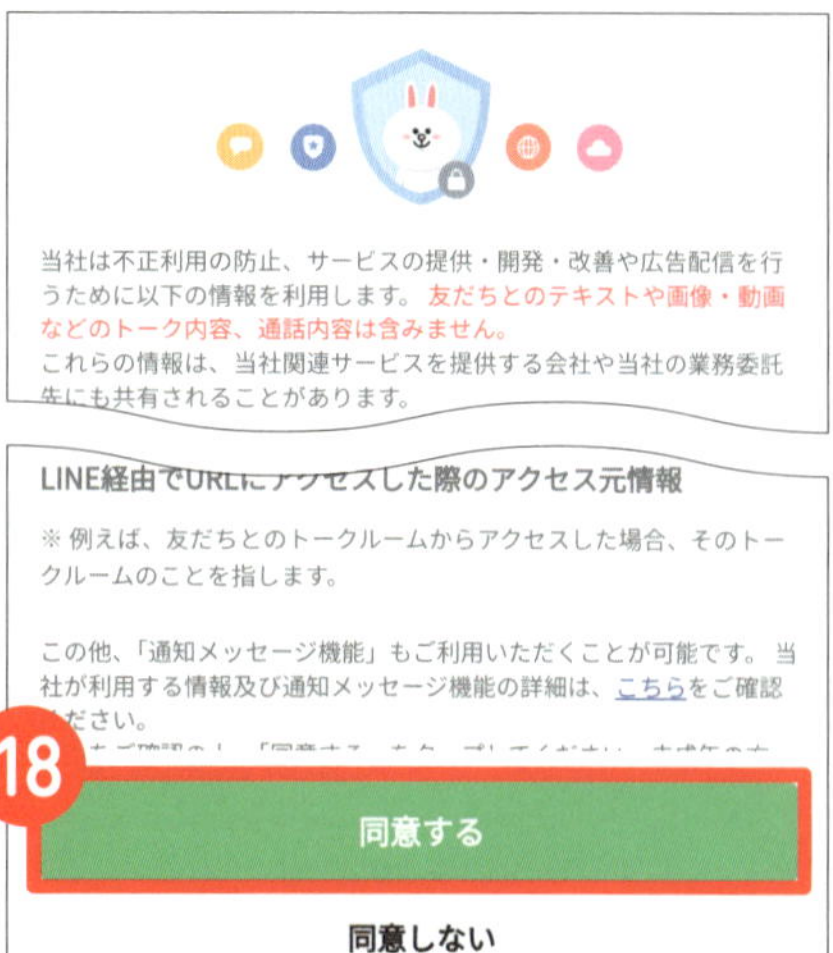

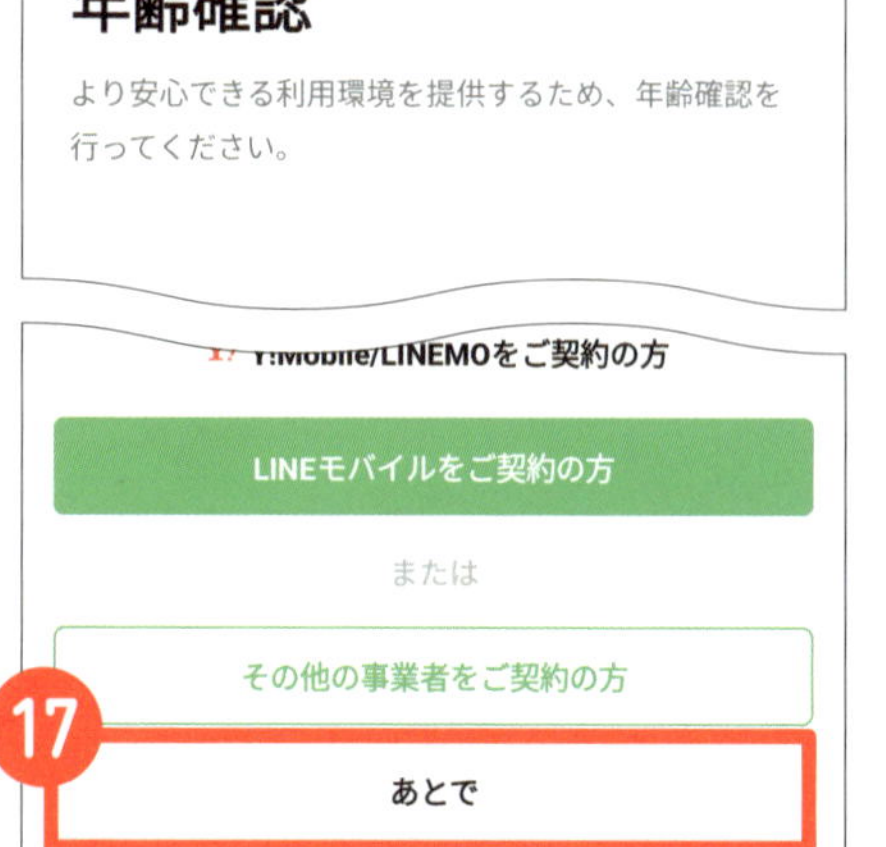

⑬パスワードを決め、2回登録する。なお、英数字や記号を含む8文字以上が必要。

⑭「→」をタップ。

⑮「友だち自動追加」および「友達への追加を許可」をタップして、チェックを外す。

⑯「→」をタップ。

⑰年齢確認は後でもできるので、ここでは「あとで」をタップ。

⑱情報利用の許可が表示されたら、「同意する」をタップ。

19 規約内容を確認し、情報の利用を許可する場合は「OK」をタップ。

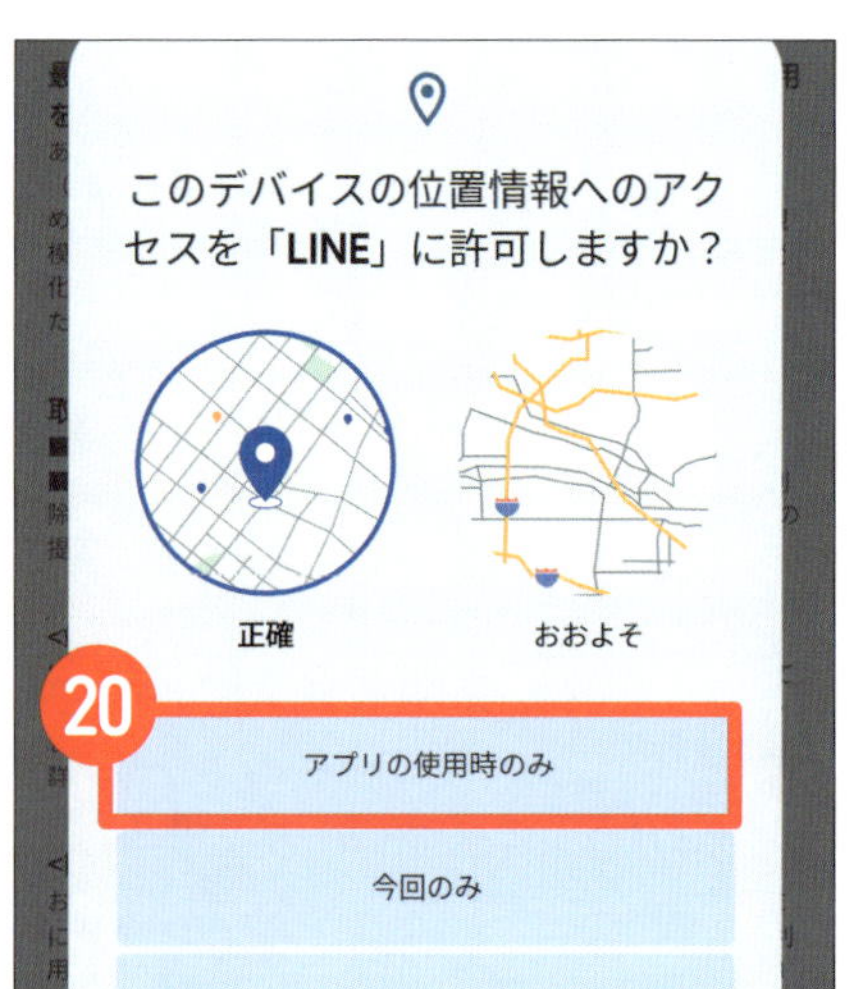

20 位置情報利用を許可する場合は、「アプリの使用時のみ」（または「このアプリの使用中」）をタップ。

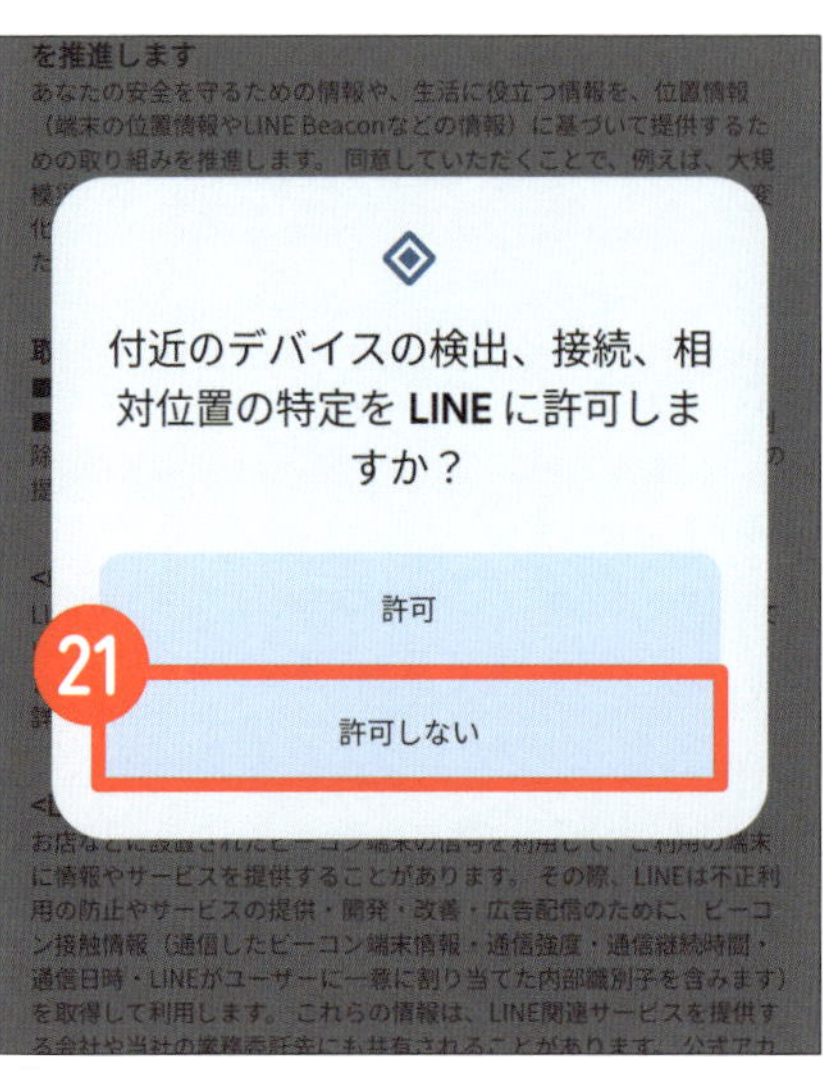

21 Wi-Fi など接続したネットワークを検出したときの処理を選択。安全のため、「許可しない」がおすすめ。

22 アカウントの登録と初期設定が完了し、LINE のホーム画面が表示される。

よく使う2つの画面を覚えよう！

LINEのホーム画面とトーク画面

iPhone・Android共通

●ホーム画面

下部の「ホーム」をタップすると表示されるのがホーム画面だ。「友だち」をタップすると、友だちの一覧を表示できる。

●トーク画面

❶画面下部の「トーク」をタップすると、トーク画面が表示される。今までやり取りした内容が、トークルームごとに時系列で表示される。

❷任意のトークルームをタップすると、新着メッセージやこれまでにやりとりしたメッセージの履歴を確認できる。

Column 相手との会話は「トークルーム」で！

友だちとやり取りする専用の部屋のことを、「トークルーム」といいます。トークルームに含まれていない人は、会話の内容を見ることができません。

QRコードで友だちを追加する

LINEで「友だち追加」をする

iPhone・Android共通

QRコードで友だちを追加する

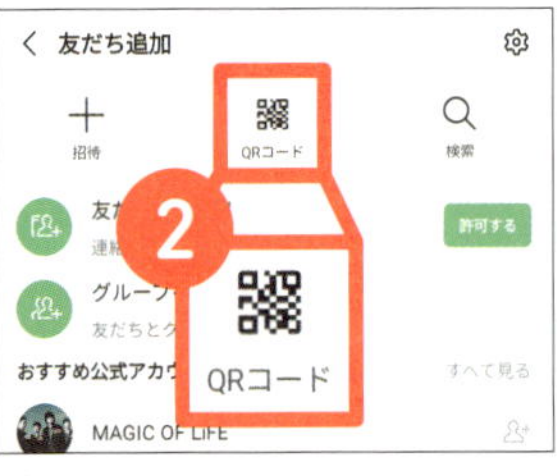

❶「LINE」のホーム画面で画面右上の人の形をしたマークをタップ。

❷「QR コード」をタップ。

❸カメラに切り替わったら、相手に LINE の QR コードを見せてもらい、四角の枠内に QR コードが収まるように表示する。

❹相手のプロフィールが表示される。「追加」をタップすると、友だちを登録できる。

Column やり取りするにはお互いに友だち登録が必要

相手に自分を友だちとして登録してもらうには、❸の画面で画面下部にある「マイ QR コード」をタップして、自分の QR コードを表示して、相手に見せましょう。なお、LINE ではやり取りする相手のことを一律で「友だち」と表現します。

メッセージを送信して友だちと交流しよう

LINEでメッセージを送信する

iPhone・Android共通

はじめての相手とトークルームを作成する

1 画面下部の「ホーム」をタップしてホーム画面を表示する。

2 一覧から「友だち」をタップ。

3 友だちリストからメッセージを送信したい友だちの名前をタップする。

4 相手のプロフィールが表示されたら、「トーク」をタップしてトークルームを表示する。

一度作成したトークルームは、1の右隣にある[トーク]ボタンをタップすることでも表示できます！

iPhone・Android共通

トークルームにメッセージを送信する

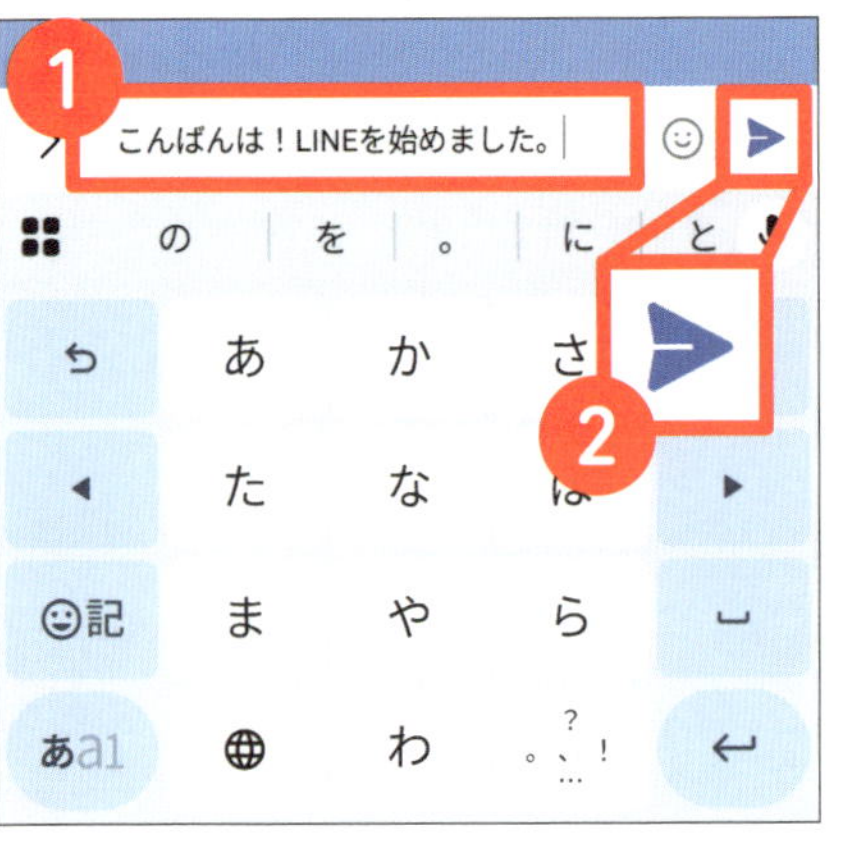

❶トークルームの下部にある入力欄をタップして、メッセージを入力する。

❷送信ボタンをタップ。

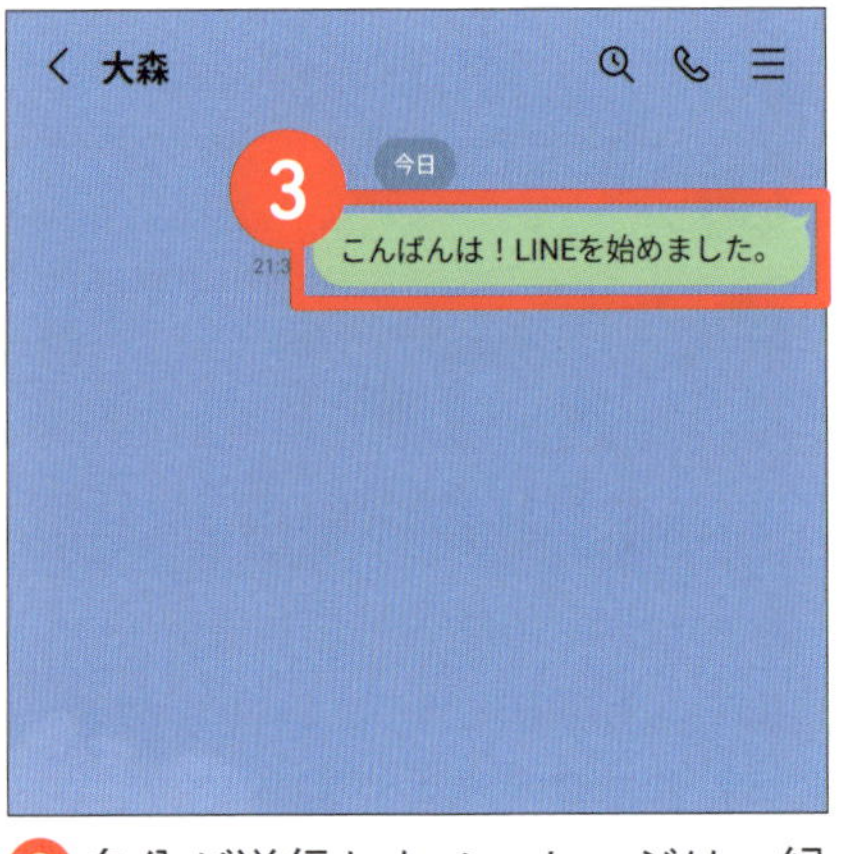

❸自分が送信したメッセージは、緑色の吹き出しで右側に表示される。

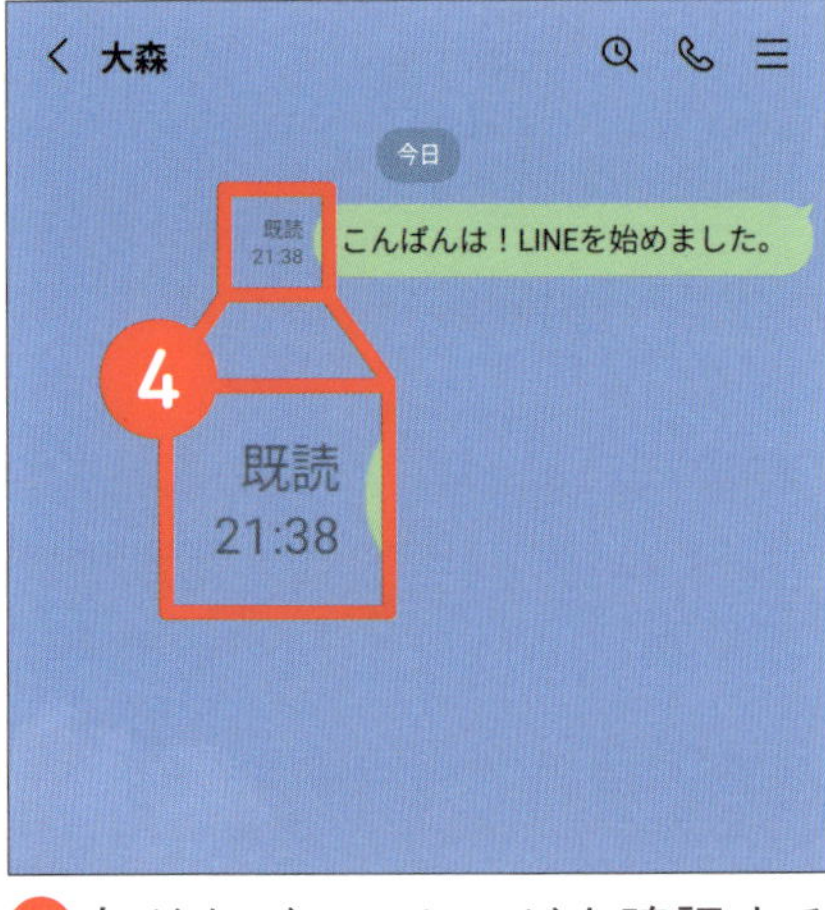

❹友だちがメッセージを確認すると、吹き出しの左側に「既読」と表示される。

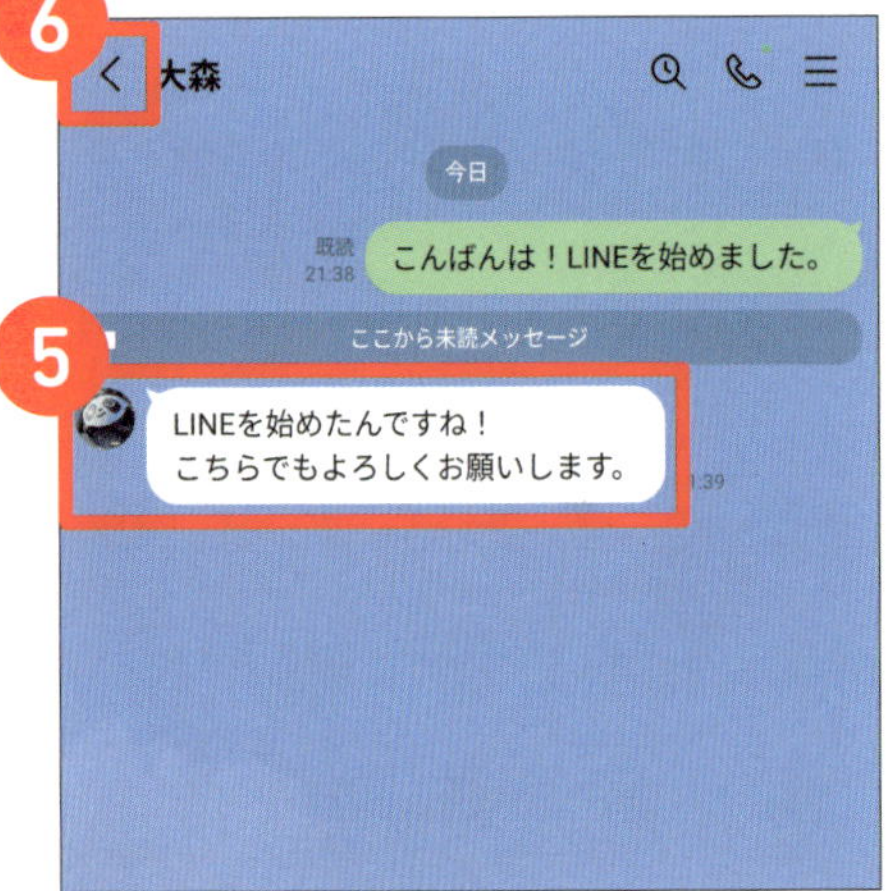

❺相手からの返信は、白色の吹き出しで左側に表示される。

❻トークルームを出る場合は、左上の「<」をタップ。

7 トーク画面が表示される。

8 トーク画面には登録済みの友だちが一覧表示される。

9 トークルームを出た後に友だちから連絡が来ると、トーク画面の先頭に表示される。

iPhone・Android共通

スタンプ（イラストや画像）を送信する

1 入力欄の右側にある顔の形をしたマークをタップ。

2 スタンプの一覧から、送りたいスタンプをタップ。

3 入力欄の上部に拡大表示されたスタンプを、さらにタップ。

4 スタンプが送られる。

スマホで撮影した写真をLINEで送ってみよう

LINEで写真付きメッセージを送信する

iPhone・Android共通

LINEで写真を送信する

1. 入力欄の左側にある写真のマークをタップ。
2. スマホに保存している写真の一覧が表示される。送信したい写真の右上にある「○」をタップして選択する。
3. 送信ボタンをタップ。
4. トークルームに写真が送信される。写真をタップすると、拡大表示される。

Column　どこから写真を選ぶの？

写真は「写真」アプリに保存されているものから選びます。「写真」アプリへのアクセスをしていいか聞かれたら、許可しましょう。

顔を見ながらお話しましょう

初孫が生まれたという70歳の女性の生徒さん。おめでたいことなのに、どうも不安そうです。話を聞いてみると、遠方に住んでいる娘さんは子育てに四苦八苦していて、ＬＩＮＥでも質問はくるけれど、文章で答えるのにも限界があるとのこと。

「では、そのＬＩＮＥでお電話してみてはどうでしょう？」

実はＬＩＮＥは、**無料で電話もできる**のです！　特に、お互いの顔を見ながら話せる**ビデオ通話**はピッタリだと思い、娘さんにもご提案しました。それからは……

「お母さん！　お風呂の入れ方、これで合ってる？」

「ねぇ、離乳食ってこのくらいの柔らかさでいいのかな？」

お相手の状況を画面で直接見ながら、やり取りできるようになりました。心強い味方がついているからか、近頃は画面の向こうに、娘さんの笑顔が増えてきたそうです。

顔を見ながら会話を楽しもう！

LINEでビデオ通話をする

iPhone・Android共通

❶トークルームの右上にある受話器の形をしたマークをタップ。

❷「ビデオ通話」をタップ。

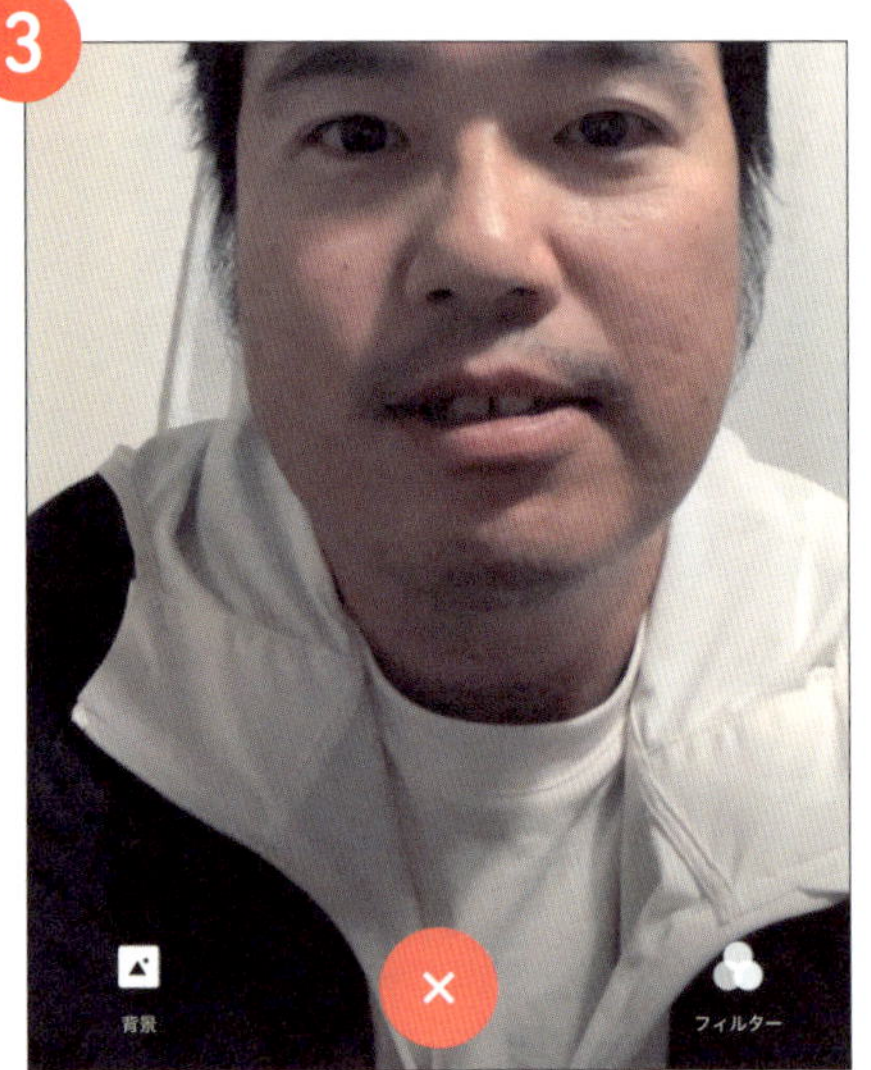

❸ビデオ通話が発信されるので、相手が応答するまで待ってみよう。

❹相手が応答すると、通話が開始される。

❺終了するときは、「×」ボタンをタップ。

Column 便利で楽しいアプリの使いこなし術

本書でこの後紹介する「YouTube」アプリ、「Google」アプリ、「Google マップ」アプリは、Android にははじめからインストールされていますが、iPhone にはインストールされていません。これらのアプリはとても便利で、そして楽しいので、iPhone をお持ちの方も、104 ページの解説を参考にして、「App Store」アプリからインストールして、ぜひ触れてみてください。

❶「App Store」をタップ。

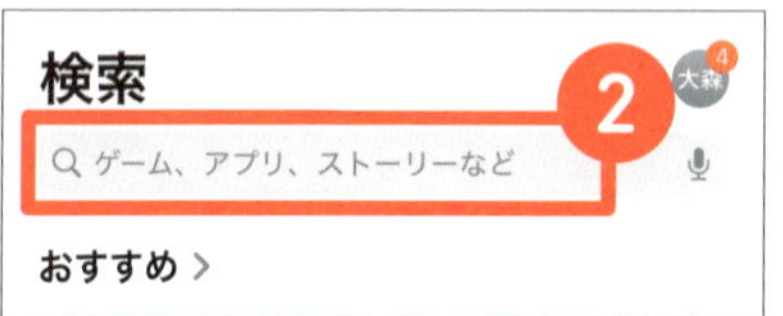

❷インストールするアプリ名を入力する（詳細は 104 ページ参照）。

●「YouTube」アプリ

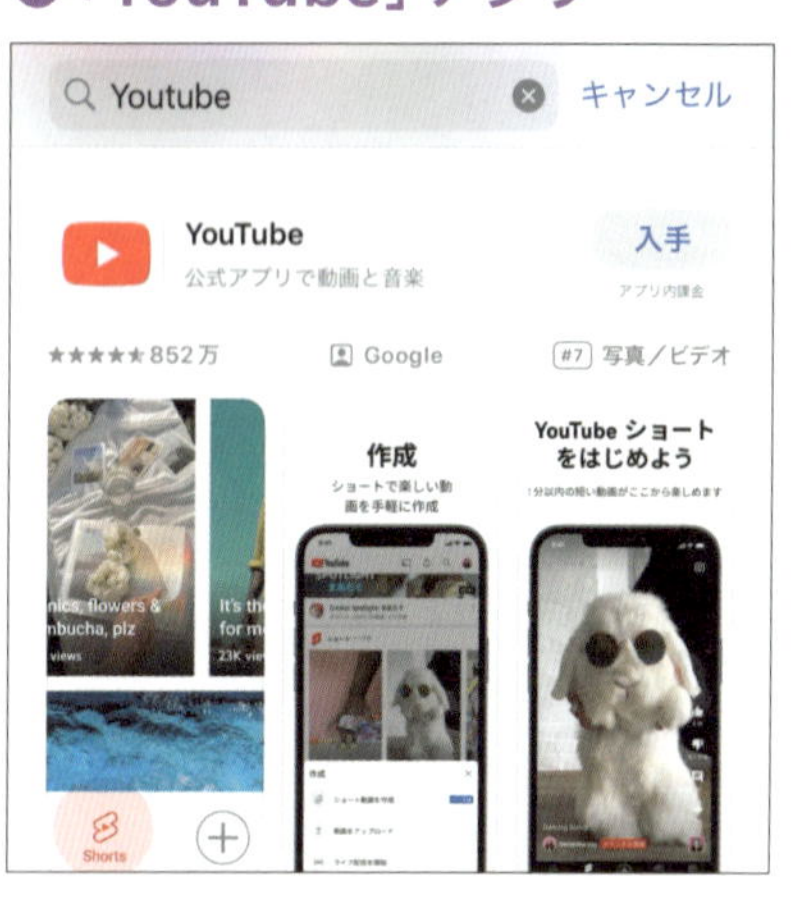

●「Google」アプリ

●「Google マップ」アプリ

「YouTube」で趣味がもっと楽しい！

「私、無趣味なのよね……。仕事を引退したら、張り合いがなくなっちゃった」

ある年の冬のはじめ、78歳の女性の生徒さんと、そんなお話をしたことがあります。営業のお仕事を定年まで勤めあげ、その後も指導役として会社で後進を育て、このたび引退されたそうです。そんな人でありたいと、こっそり襟を正したものです。

しかし、生きがいとも言える仕事を引退してからは、毎日何をすればいいのかわからなくなってしまったご様子。テレビも飽きちゃった。そんな中で、講座に参加されたとのことでした。

そんな生徒さんに、私は**YouTube（ユーチューブ）**を提案することにしました。名前を聞いたことがある方もいらっしゃるかもしれません。101ページでも紹介したこのアプリは、**動画を無料で投稿・視聴できるアプリ**です。テレビとは異なり、世界中の誰でも動画を発信できます。そのため、実に多様な動画が数多く登録されています。ですから、**みなさんが見てみたいと思う動画を、検索してみてください。必ず見つかります。**

好みの動画が必ず見つかる

たとえば、動物が好きな方は、イヌやネコの可愛い動画はいかがでしょうか。愛くるしい動物は観るだけで気持ちが和みます。ハプニング集も人気です。世界中のおっちょこちょいの人たちの動画を観ると、思わず笑ってしまいますね。

他にも、料理の作り方、掃除や整理の仕方、健康や運動に関するもの、家庭菜園や園芸、釣りやハイキングに関するものなど、たくさん登録されているので、楽しみが広がります！

プロの解説が無料で見られる！

個人的に、ＹｏｕＴｕｂｅが大きく変えたのは、**学び方**だと思っています。今までは、プロの指導を受けるためには月謝を払って習い事に通う、本を買って読む……という方法がほとんどでしたが、ＹｏｕＴｕｂｅではプロが動画で情報を発信してくれています。もちろん、リアルタイムにやり取りができる習い事には敵わない部分も大いにありますが、学習の入り口を確実に広げてくれました。

冒頭の生徒さんも「少し興味がある」からさまざまな動画を検索しては視聴し、ついに「編み物に挑戦してみたいわ！」と目を輝かせて報告してくださいました。

ＹｏｕＴｕｂｅなら、たとえば、かぎ針の動きがわからなくなっても大丈夫です。動きとともに解説がなされるの

で、本と比べても、解決までのスピードが段違いなのです。しかも24時間、いつでもどこでも、何度でも観ることができるのもありがたいですね。

最後に、シニアの皆さんがＹｏｕＴｕｂｅでどんな情報収集をしているのか、生徒さんの意見をいくつかご紹介します。みなさんも参考になさってください。

- **昔よく聞いていた曲や、見ていたテレビの番組**
- **趣味のスキルアップ（社交ダンス、囲碁や将棋、家庭菜園）**
- **血圧・血糖値を管理するための食事方法**
- **海外の旅動画**

私も「**いなわくＴＶ**」という名前で、スマホやパソコンの使い方の動画を配信しています。興味があれば、ぜひ遊びにきてください！

まずは動画の見方を覚えよう

YouTubeで動画を楽しむ

iPhone・Android共通

1「Youtube」アプリをタップ。

2 虫眼鏡のマークをタップ。

3 検索欄に、視聴したい動画のキーワードなどを入力する。

4「検索」をタップ。

5 キーワードに関連した動画が一覧表示される。視聴したい動画をタップ。

6 動画の再生が開始される。

Column 再生画面を大きく

スマホを横置きにすると、再生画面が大きくなります。

花の名前が知りたいなら、画像検索はいかが？

「これ、何の花かわかりますか？」

80代の生徒さんが、スマホで撮影した写真を見せてくださいました。どこからか種が飛んできたのでしょうか、庭に見知らぬ植物の芽が出て、ついに花が咲いたそうです。自分でもこの花を買いたいけれど、誰に聞いても名前がわからないとのことでした。このような状況に、まさにぴったりな検索方法があるんです！

「Ｇｏｏｇｌｅ」アプリ（122ページ参照）には**画像検索機能**があります。カメラのマークをタップすると、カメラモードに切り替わります。そしてそのままシャッターを押すだけで、**撮影した画像をインターネットで検索できます**。花だけでなく、外国語の看板の翻訳、電化製品の価格比較など、さまざまなことが調べられます。

画像検索で花の名前がわかった生徒さんは、さらにその花の種を購入できるお店まで見つけて、嬉しそうに「色違いを買って育てるわ」と話しておられました。

Googleレンズなら画像で検索できる

写真で検索する方法

iPhone・Android共通

「Google」アプリで画像検索する

❶「Google」アプリをタップ。

❷検索欄の右側のカメラマークをタップ。

❸「検索」をタップ。

❹カメラに被写体を写して、虫眼鏡のボタンをタップ。

❺検索結果が表示される。「―」マークを上方向にドラッグする。

❻検索結果の詳細を確認できる。

「Google（グーグル）マップ」はシニアにやさしい道先案内人

「馴染みの喫茶店にも飽きてきたし、そろそろ新しい場所を開拓したいなあ」

65歳のご夫婦の趣味は、喫茶店巡り。休日に、車で県内のさまざまな喫茶店を訪れては、コーヒーとピザで舌鼓。店主との会話を楽しんだり、昔聞いていたフォークソングの話で盛り上がったり……。落ち着いた照明とコーヒーの香りが漂う店内は、あの頃のまま。いつだってタイムスリップできるのだそう。

とはいえ、同じ喫茶店に何年も通い詰めていると、新しいお店にも行ってみたくなるというものです。ただ、自分たちの足で探すのも一苦労。せっかく見つけても、定休日で無駄足だった、ということもしばしばあるとのこと。

そんなお話を受け、私は「**Googleマップ**」アプリを提案することにしました。

Googleマップなら、「喫茶店」「カフェ」「飲食店」といった言葉を入れるだけで、周辺のお店を検索して、画面上の地図に印をつけてくれます。気になるお店の印をタップすると、**営業時間や定休日が調べられるのはもちろん、写真で店内やメニューの様子、実際に行った方の評判などをうかがい知ることができます**。紙の地図でこれらを一度に調べることは、難しいのではないでしょうか。

そして、スマホアプリならではの最大の魅力は、**旅先案内人として使える**ということ。画面上のマップには経路が表示され、どういった道順で行けばいいのかが視覚的にわかりやすくなっています。また、車に搭載するカーナビのように、スマホの画面と音声でリアルタイムに道案内までしてくれるサービス精神っぷりです。

ご夫婦は早速「Ｇｏｏｇｌｅマップ」アプリを使って、素敵なお店をいくつも発見。特に、道の駅に併設された、窓の大きな明るいカフェが気に入ったようです。子どもが孫を連れて帰省したらそこに案内して、店主自慢のピザをみんなで囲みながら、会話を楽しんでいると喜んでいらっしゃいました。

近所のお店のリスト

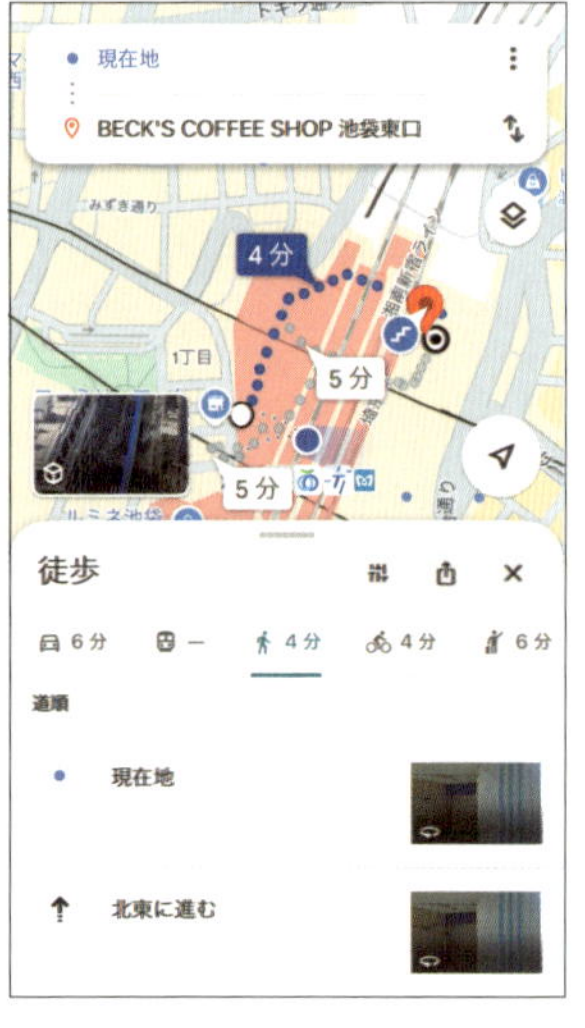

お店までの経路

Googleマップは他にも、電車や飛行機の乗り換え案内、目的地までにかかる時間なども調べることができます。

- コンサート会場まで電車を乗り継いで行くと、どのくらいの時間がかかるのか？
- 旅行先へ行くのに最適な道順は？
- ご友人との待ち合わせ場所まで、どういった経路を使って、何時頃に着くことができるのか？

といったような「すでに決まっている予定」に対しても、役立ってくれるというわけです。

お店の情報を事前に調べたり、待ち合わせに役立てたり……。Ｇｏｏｇｌｅマップを使うのと使わないのとでは、生活の豊かさが１８０度違うのではないかな、と個人的には感じています。ぜひ使ってみてほしいです。

なお、**スマホを見ながらの運転や徒歩は大変危ないので、移動中は操作しない**ようにしてください。

Googleマップに道先案内してもらおう

Googleマップの使い方

iPhone・Android共通

Googleマップで目的地を検索する

1「Google Maps」アプリをタップして起動する。

2 画面上部の検索欄をタップ。

3 検索したい住所や施設名を入力する。「カフェ」や「本屋」といった内容でも検索できる。

4「検索」をタップ。

5 検索結果が表示される。

6「ー」を上方向にドラッグすると、営業時間や口コミなどの施設情報を確認できる。

目的地までの経路を検索する

1 前ページを参考に目的地を検索し、「経路」をタップ。

2 目的地への経路が表示されたら、移動手段（車、公共交通機関、徒歩など）のマークをタップ。

3「開始」をタップ。

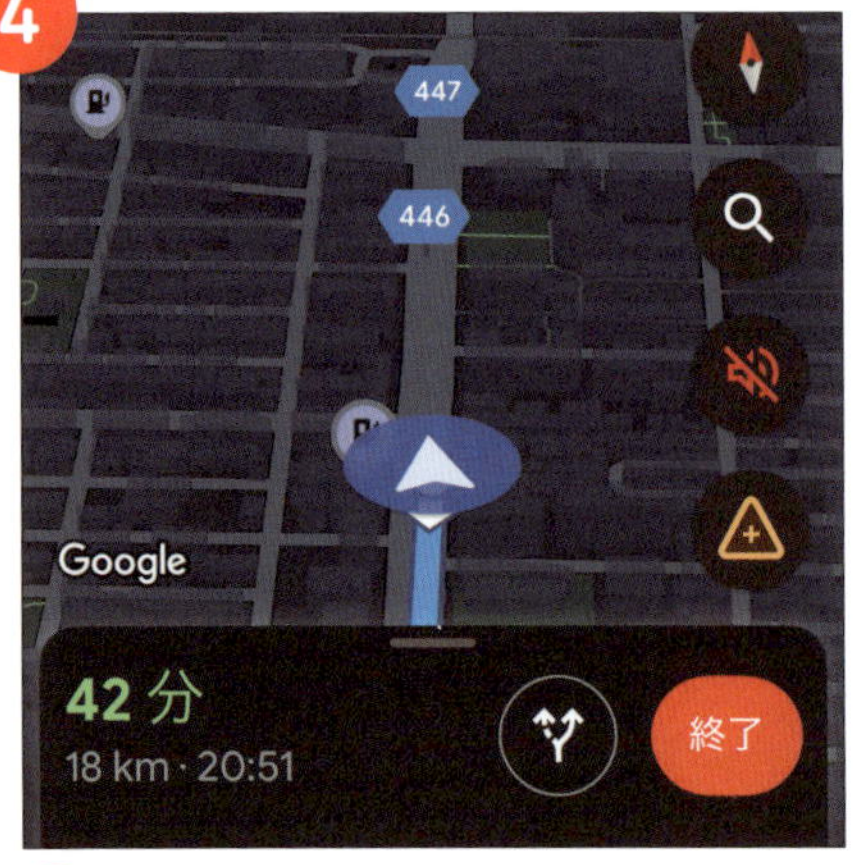

4 カーナビのような音声ナビが開始される。案内に従って、目的地を目指す。

5 電車のマークをタップすると、交通機関の経路が表示される。経路をタップすると、詳細を確認できる。

写真でできた地図「ストリートビュー」

「地図ってどうも苦手……」

とおっしゃる75歳の女性の生徒さま。地図というものは、線や記号などの2次元で表されるので、苦手という方も多いと思います。

ただ、「Ｇｏｏｇｌｅマップ」は普通の地図と一味違います。なんと、**現地の写真が撮影され、画面上で３６０度見渡せる「ストリートビュー」**機能があるのです。ストリートビューに対応している一部の地域だけで使える機能ではありますが、自分がそこに立っているような目線で、周囲を確認することができるのです。行きたい場所を事前に確認したり、周辺の建物をチェックしたりするのに役立ちますね。

目的地の周辺を写真で見よう

ストリートビューで周辺の風景を確認する

iPhone・Android共通

❶ 134ページを参考にしてGoogleマップで目的地を検索。画面左下の小さな写真（ストリートビューアイコン）をタップ。

❷ 目的地周辺の写真（ストリートビュー）が表示される。道路上の矢印をタップしてみよう。

❸ 矢印の方向に視点が動き、写真が切り替わる。

Column **視点を変える**

画面の写真を上下左右にドラッグすれば、周囲を見渡すことができます。

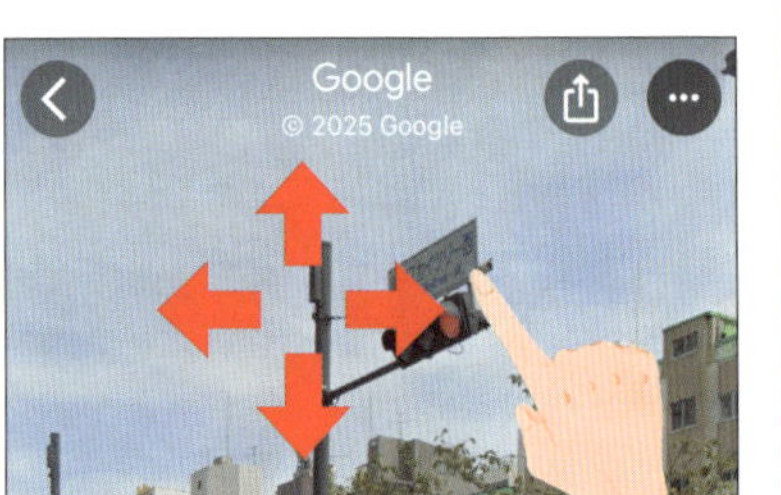

録画不要！　見逃したあのドラマを見る方法

「昨日のドラマ、見逃しちゃったの！」

スマホ講座が終わった後で、何人かの生徒さんと、話題のドラマについて盛り上がっていたときのこと。その中のお一人がこうおっしゃいました。息子さんが突然帰省して、ドラマを見るどころではなかったそうです。そのお気持ちはよくわかります。そんなときも、スマホがあれば安心です。

テレビ番組の最後に「もう一度観たいならＴＶｅｒ（ティーバー）で」と言っているのを聞いたことはありませんか？　**TVer（ティーバー）**は各放送局の番組をスマホやパソコンで観られる無料のサービスです。放送終了後、一定期間なら何度でも見返せます。配信する番組や見返せる期間は限られていますが、ドラマやバラエティ、アニメなどさまざまな番組をスマホで視聴できます。昔は録画していないと見返すことはできませんでしたが、本当に便利な時代になったものです。

見逃した番組も、もう一度見たい番組も！

TVerでテレビ番組を視聴する

iPhone・Android共通

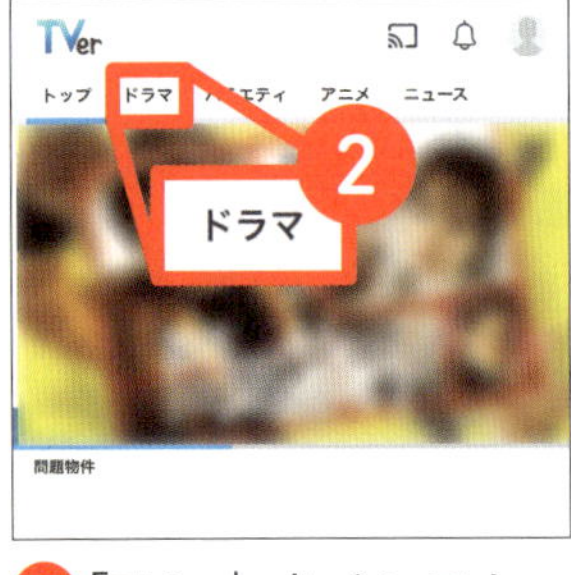

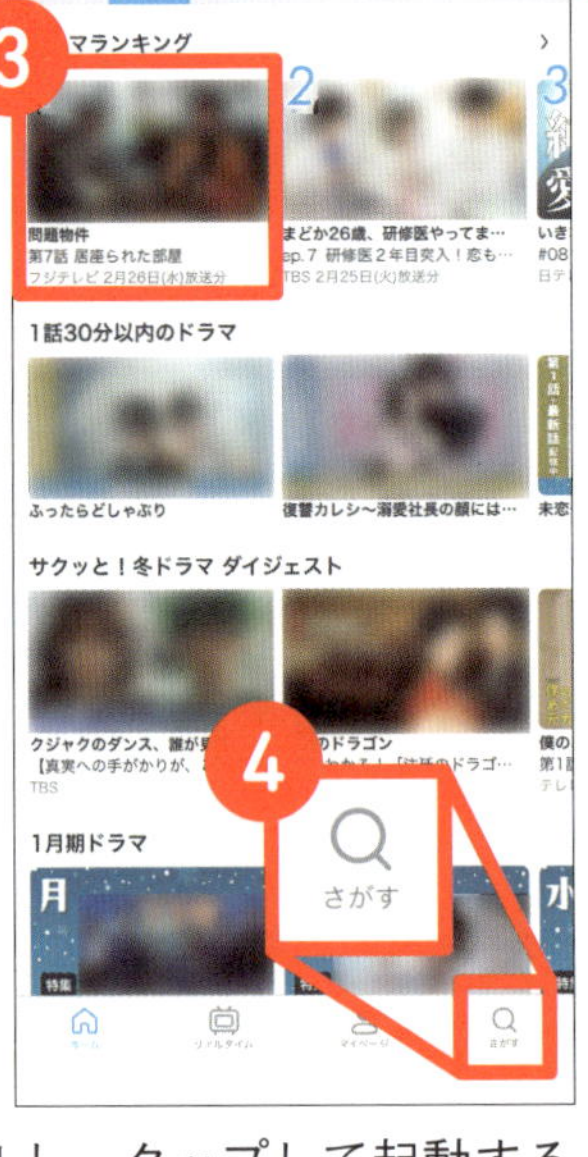

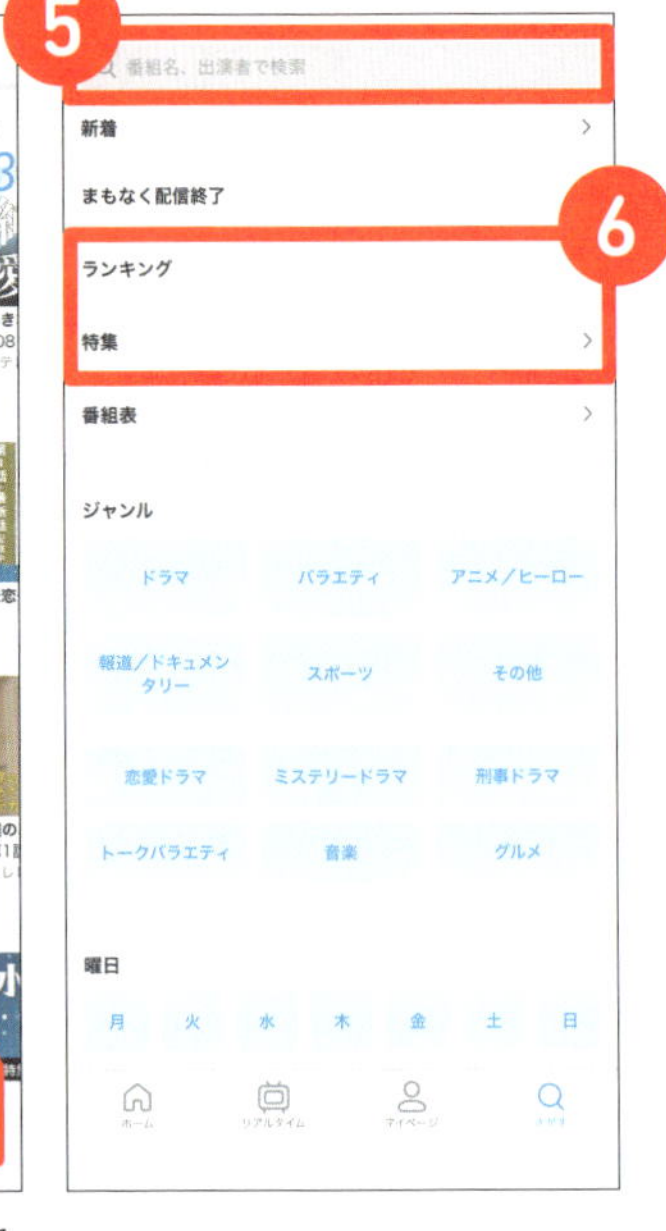

1 「TVer」をインストールし、タップして起動する。

2 画面上部の「ドラマ」をタップ。

3 配信中のドラマ作品が表示される。視聴したい作品が見つかったら、作品名をタップ。

4 観たい番組がある場合は「さがす」をタップ。

5 番組名やキーワードを入力して検索する。

6 ランキングや特集で絞り込むこともできる。

ドラマだけでなく、スポーツやニュースも観ることができます！

「アクセス許可」って怖いもの？

「先生、この表示はなんですか？　情報が漏れたりするの？」

新しいアプリや機能を教えるときに、よくこんなご質問をいただきます。

便利な機能を使うとき、他のアプリやデータと連携することがあります。たとえばＬＩＮＥで写真を送るときに、スマホの「写真」アプリの中から写真を選ぶ、という具合です。スマホはプライバシーが守られているので、事前に「**このアプリやデータを参照する権利をくれませんか？**」と聞いてくれるのです。

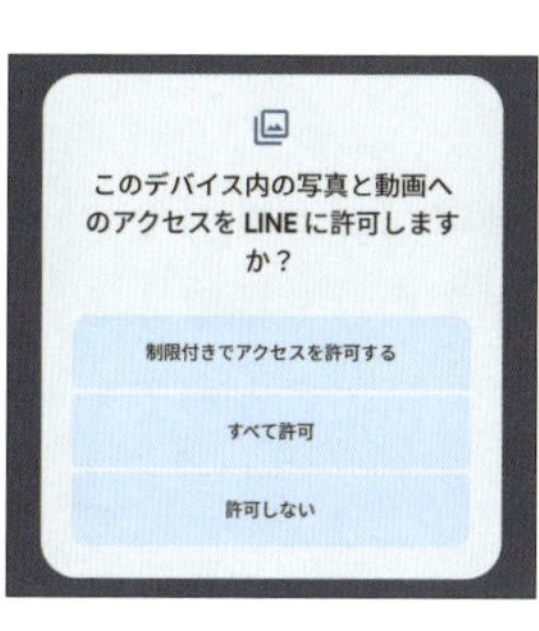

そういった表示が出たら、まずは落ち着いて内容をよく読みましょう。**許可する権限は最小限に抑える**ことを意識し、使用する機能と求められる権限に納得してから、許可します。

第4章

スマホのよくある悩み事、すべて解決します！

「スマホは苦手」から卒業する方法

「思い通りにならないぞ?」

「どうやったらいいのかわからない……」

「だから、デジタル機器は苦手なのよ!」

日々、スマホに苦手意識を持つ生徒さんのお気持ちを受け止めていく中で、ある共通点があることに気付きました。それは、「はじめにここを押して、次はここを押して……」のように、操作を暗記しているのです。しかし、この方法だとなかなか苦手を克服できません。なぜなら、

- 手順が多く、覚えきれない
- 画面が変わったら、また覚え直し
- 壊れたら嫌なので、あれこれやらないようになる

このような悪循環が生じてしまい、いつまで経っても操作に慣れないのです。「スマホは苦手」から卒業するためにも、「操作を暗記する」をやめることからはじめましょう！

操作は大まかに押さえるだけ

スマホの操作は、**大まかに押さえておくだけで十分**です。スマホの画面は、常に新しい見た目に変わるので、手順を細かく覚えてもすぐに別の手順に変わってしまいます。ですから、一から百まで暗記する必要はありません。大切なのは、手順を大まかに押さえたら、後はその都度調べること。わからないことは周りの人に聞く、インターネットや本などで調べる、これを繰り返すことです。

本書ではこれから、スマホの「困った！」が生じてしまったときの対処方法をていねいに紹介します。実際にみなさんがスマホを日々使っていくなかで困りごとが生じたら、ここに書いてある内容を参考にしていただいて、解決していきましょう！

ロック画面とホーム画面の違いって？

「着信した履歴があったので、スマホを開いたのですが、次にどうしたらいいのか迷うんです」という相談をよく受けます。ロック画面に通知が出ているけれど、次の操作に迷ってしまう。このようなことを経験したことはなかったでしょうか。

ロック画面とは

ロック画面はスマホを使っていないときの画面です。いわば**玄関の鍵のようなもの**であり、他人からスマホの中身（アプリや設定）を守るための**待機画面**です。

スマホがロック画面になっているときにメールや電話を受信すると、その旨をお知らせする「通知」が残ります。通知をタップすると該当のアプリを表示してくれますが、通知はあくまで「お知らせ」です。焦らず落ち着いて、まずは**アプリ名や内容を確認してから**、操作しましょう。なお、普通にロックを解除すると、前回開いていた状態の画面が表示されます。

ホーム画面とは

「ロック画面」と似たような言葉に「**ホーム画面**」があります。**ホーム画面はスマホの中心地**です。スマホではさまざまな操作をしますが、ホーム画面はあらゆる操作の中心であり、出発地点になります。具体的には、ロック画面を解除した後に最初に表示される、スマホ内のアプリが整列している画面がホーム画面です。

「ロック画面とホーム画面、どっちがどっちかわからない」

そんな方へのご提案です。ロック画面とホーム画面が同じ背景画像だと混乱しやすいので、たとえば**ロック画面には好きな写真**、**ホーム画面にはシンプルな背景画像**と、別々の画像を設定すると、見分けやすくなります。

ロック画面とホーム画面の役割を理解しよう

ロック画面とホーム画面

●ロック画面（iPhone）

●ロック画面（Android）

●ロック画面

ロック画面とは、スマホの待機画面のこと。画面が自動的に消えた後（スリープ）に電源ボタンを押すと表示される。

画面ロック（150ページ参照）を設定している場合は、解除する必要がある。

●ホーム画面（iPhone）

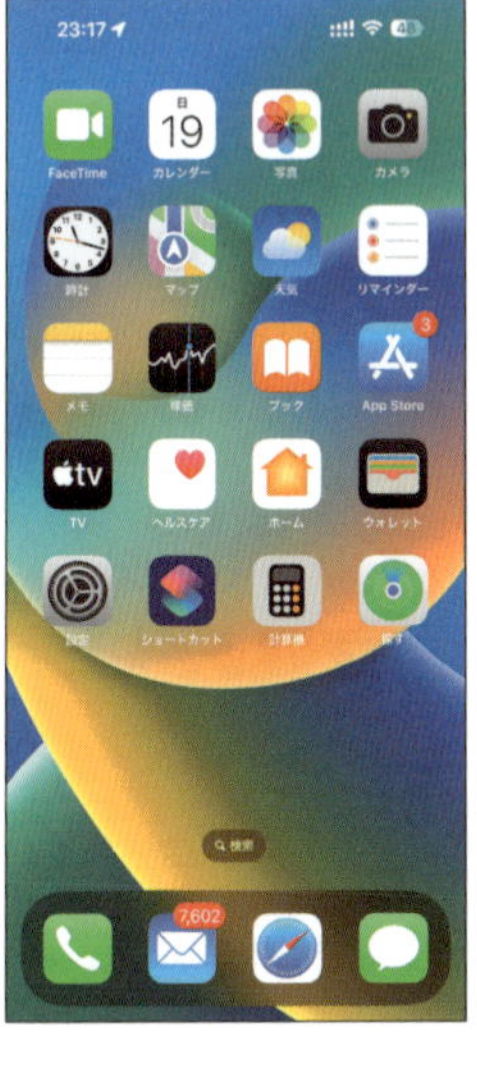

●ホーム画面（Android）

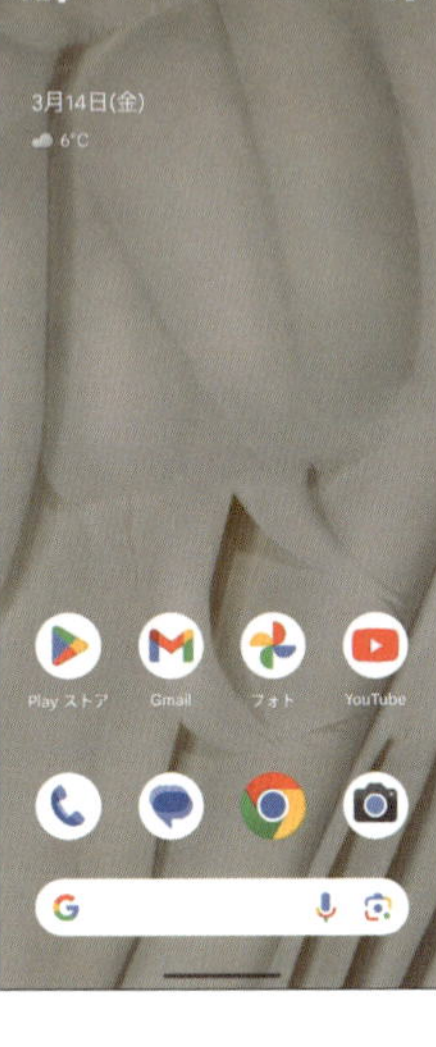

●ホーム画面

ホーム画面とは、スマホにおける操作の出発点になる画面のこと。アプリのアイコン（絵柄のボタン）が並んでおり、アイコンをタップすると起動できる。

画面を左右（Androidの場合は上下も）にスワイプすれば、次のページに切り替わる。

iPhone・Android共通

ロック画面を解除する

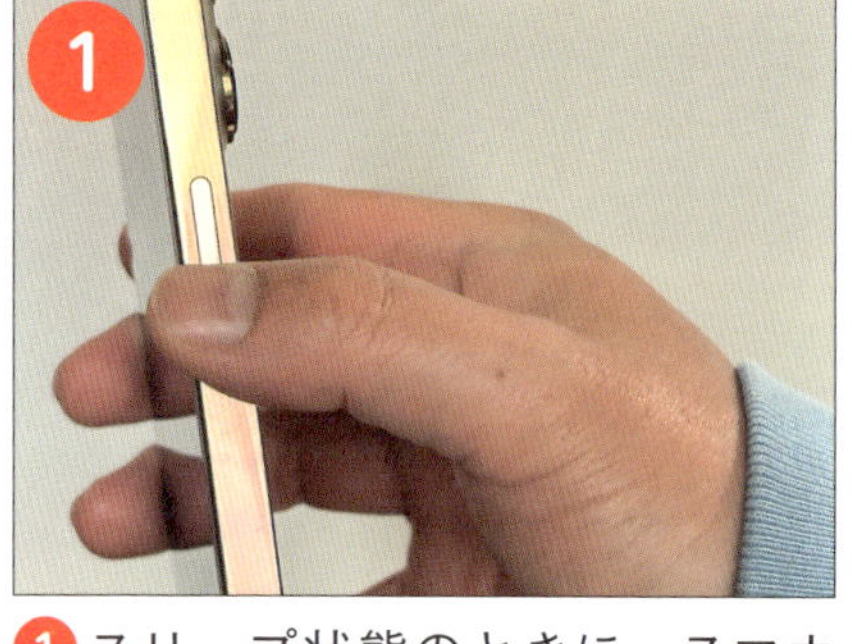

❶スリープ状態のときに、スマホ本体の電源ボタン（サイドボタン）を押す。

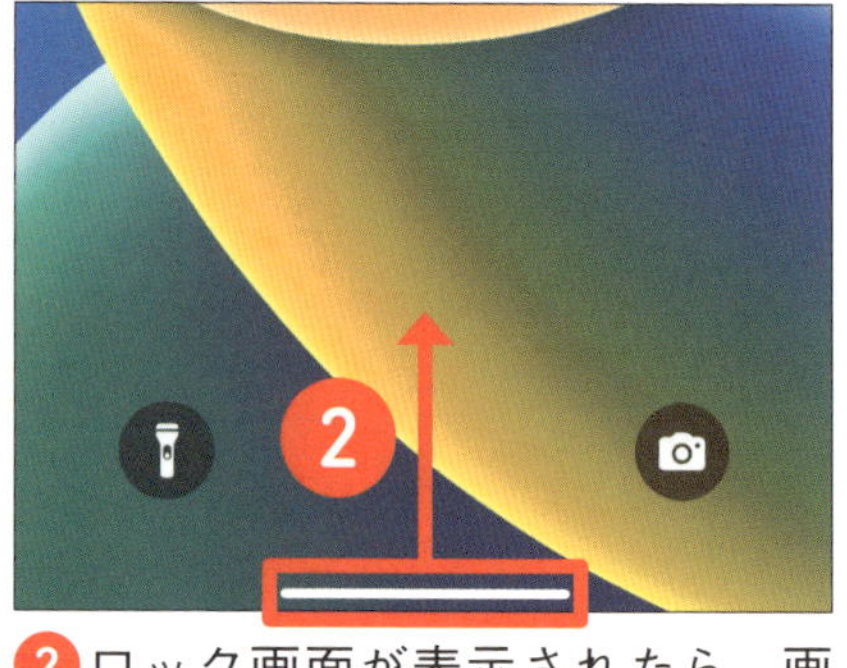

❷ロック画面が表示されたら、画面下部の白いバー（Android は鍵のアイコン）を上方向にスワイプする。

❸数字入力、顔認証、指紋認証など設定した方法に従ってロックを解除しよう。

❹画面のロックが解除されると、ホーム画面が表示される。

画面ロックは家の戸締りと同じ

「画面ロックなんて面倒」と思っていませんか？

実は、私の知り合いの82歳の女性も、同じように「画面ロックなんていらない」と考えて、画面のロック（鍵）を設定していませんでした。ところがある日、スマホを落としてしまい、拾った人に悪用されてしまったのです！

数日後、彼女のもとに届いたのは、**覚えのない買い物の請求書**。

「家族に迷惑がかかったらどうしよう……」

と、彼女は不安で眠れない日々を過ごしました。この件の問題は、**拾った人がスマホに簡単に入れて、ショッピングアプリを立ち上げられたこと**。幸い家族が対応してくれたことで被害は最小限に抑えられましたが、「鍵をかけておけばこんな思いをしなくて済んだ」と深く後悔していました。

その後、家族に手伝ってもらい画面ロックを設定した彼女は、「解除も簡単だし、もっと早くやればよかった」と安心した様子でした。

スマホも大切な情報の宝庫です。勝手に見られないように鍵をかけることで「勝手に使われない」安心を得られます。

画面ロックの種類は、**パスコード（数字の組み合わせ）、指紋認証、顔認証**などがあります。まずは「数字の組み合わせ」であるパスコードを設定しましょう。追加で、本人の身体的特徴を利用する指紋認証や顔認証を設定すれば、より強固にスマホを守ることができます。指紋認証や顔認証なら、いちいち数字を入力しなくても瞬時にロックを解除できるので、負担もありません。

画面ロックは、数分で設定できる「**デジタルの鍵**」です。家の戸締りと一緒ですね。面倒と思わず、一度家族や周りの人と一緒に設定してみてください。一段上の安心を手に入れられますよ！

画面ロックを設定してスマホを守ろう

画面ロックのかけ方

iPhoneの場合

パスコード（数字の組み合わせ）を設定する

❶「設定」アプリをタップして起動する。

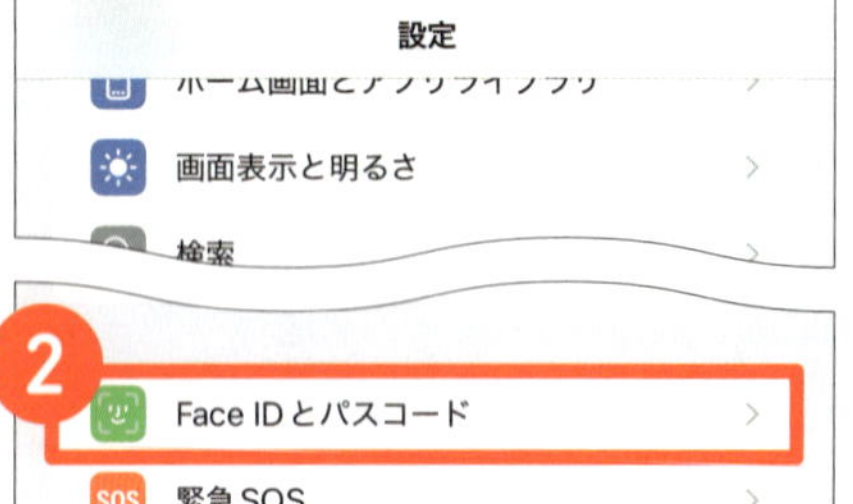

❷「Face IDとパスコード」をタップ。

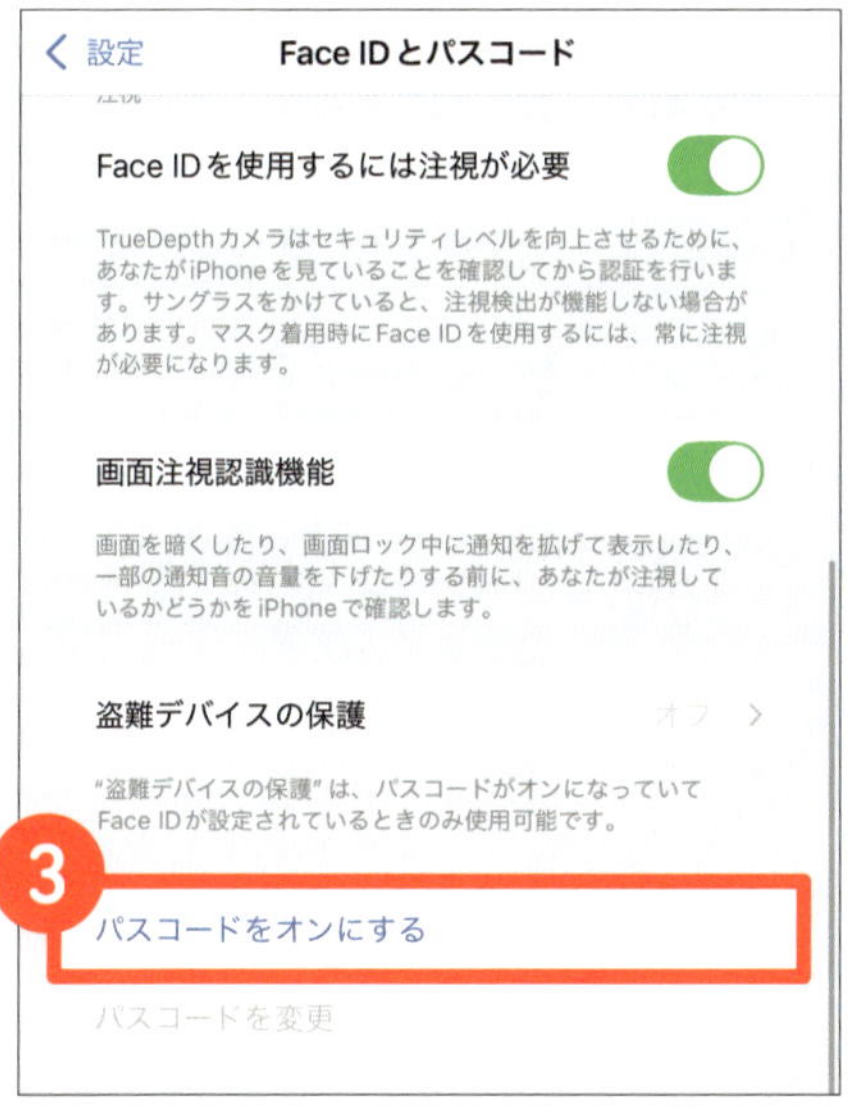

❸「パスコードをオンにする」をタップ。

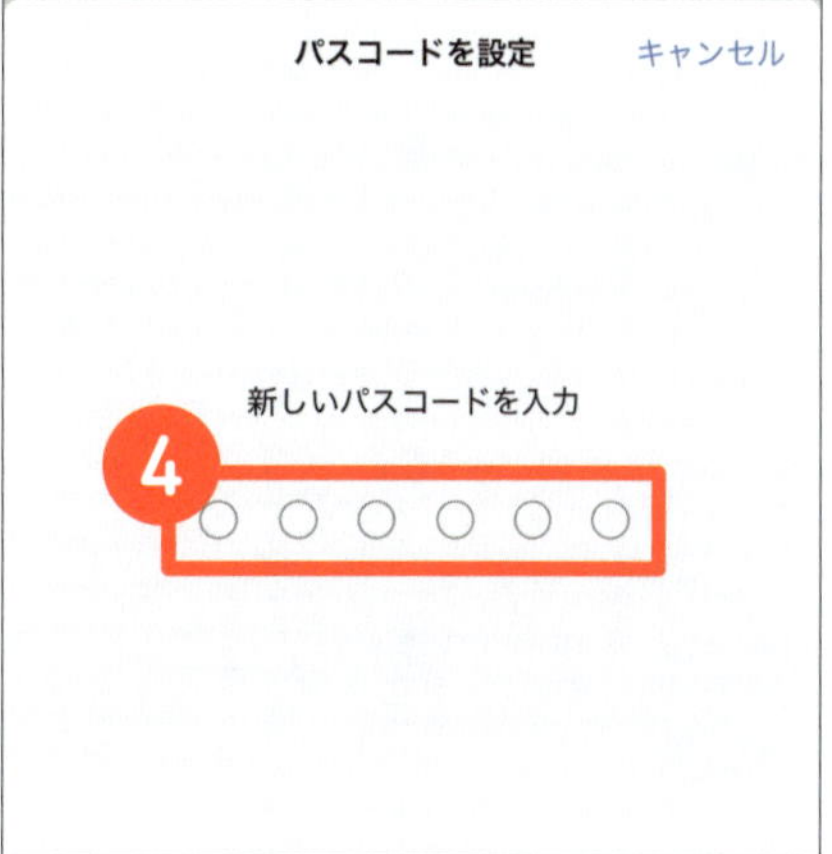

❹パスコードの入力画面が表示されたら、6桁の数字を組み合わせたパスコードを2回入力する。

簡単に予測されやすい、誕生日や連番（1234、1111など）は避けよう。

iPhoneの場合

顔認証を設定する

❶前ページの手順を行ったうえで、「Face IDとパスコード」の画面で、「Face IDをセットアップ」をタップ。

❷正面のカメラが起動するので、枠の中に顔が収まるよう映し、画面の指示に従って円を描くように顔を動かす。

❸マスク着用時にも顔認証を使いたい場合は、「マスク着用時にFace IDを使用する」をタップ。

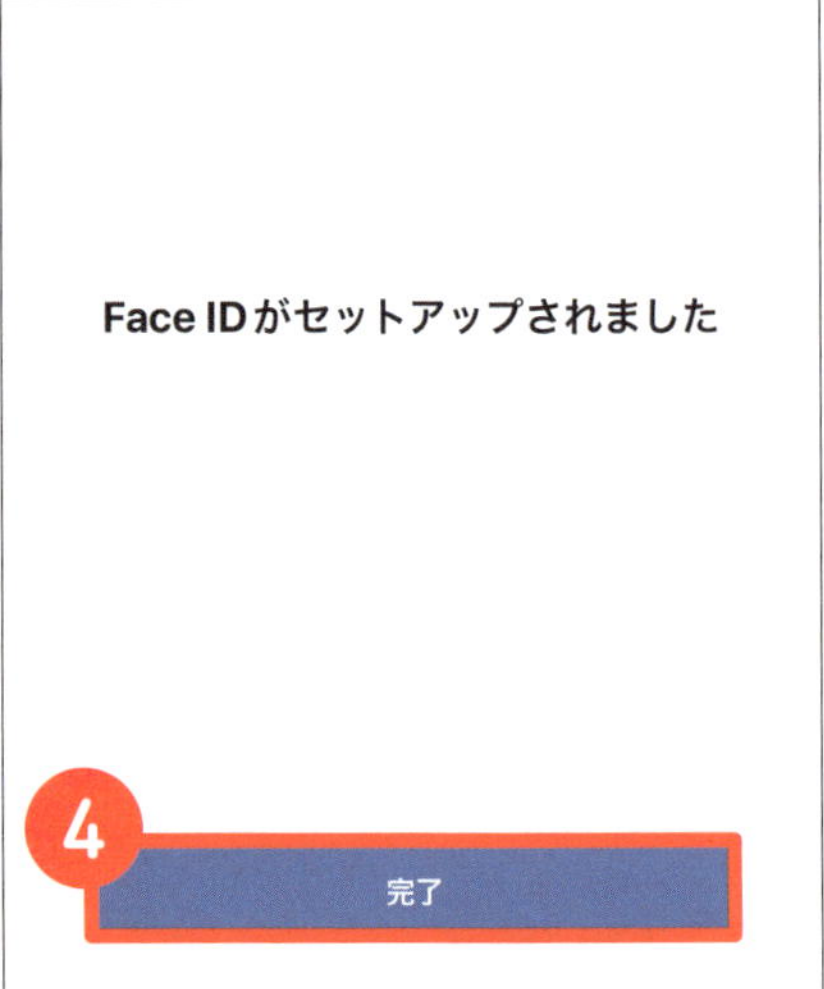

❹「完了」をタップすると登録が完了する。以降は、正面のカメラに顔を映すとロック画面を解除できる。

Androidの場合

PIN（数字の組み合わせ）を設定する

❶ホーム画面を下部から上方向にスワイプする。

❷アプリ一覧画面から「設定」アプリをタップ。

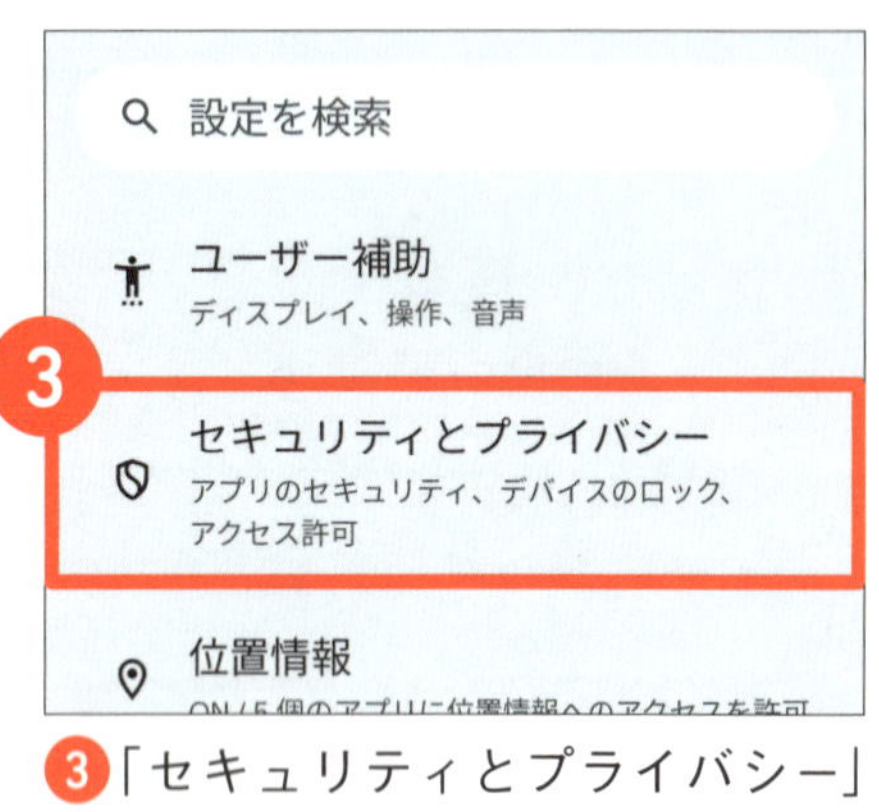

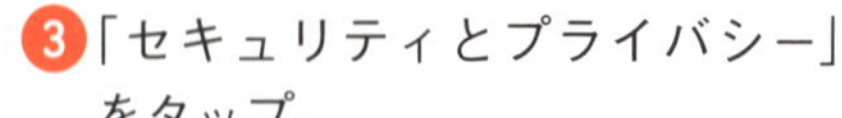

❸「セキュリティとプライバシー」をタップ。

❹「デバイスのロック解除」をタップ。

❺「画面ロック」をタップ。

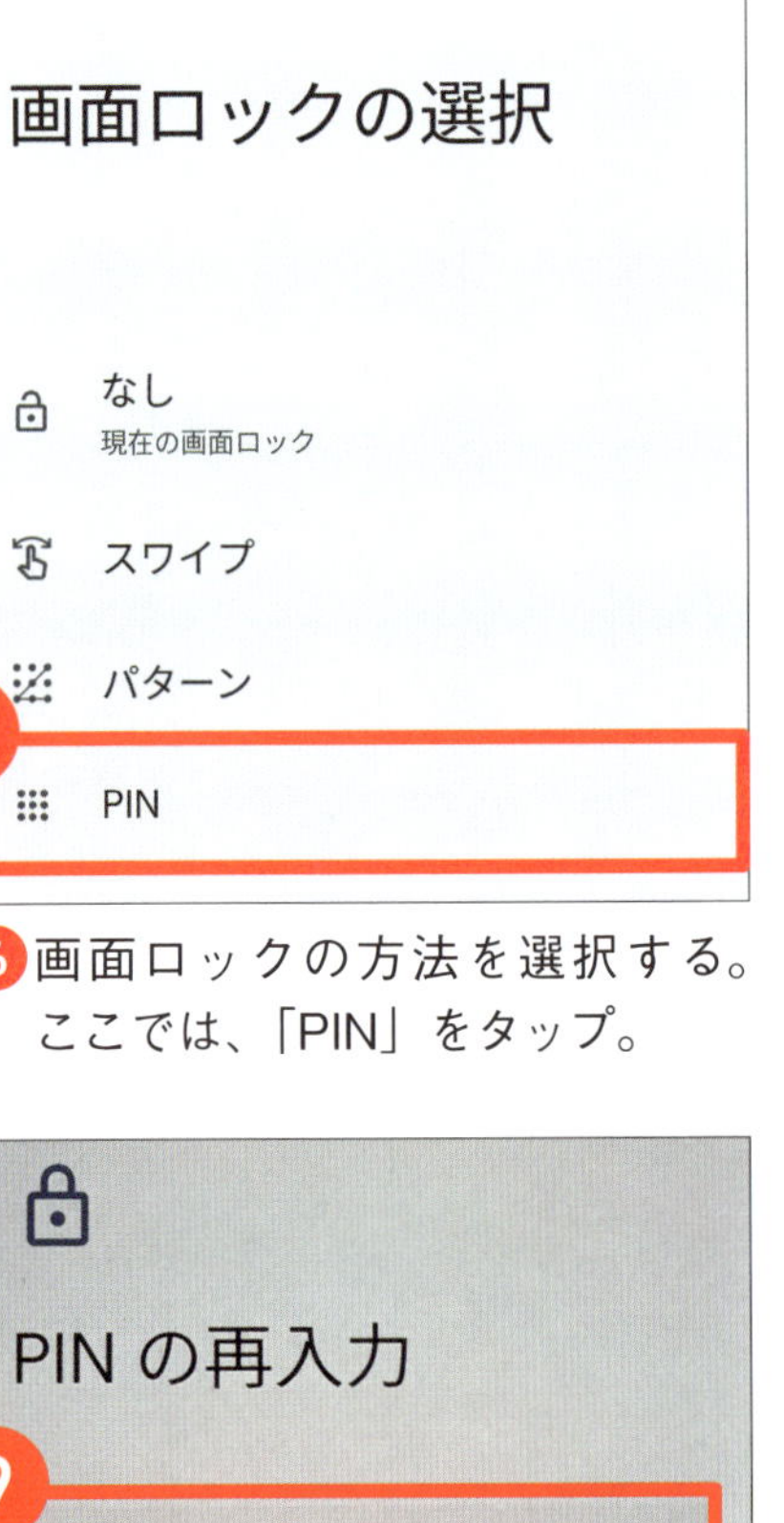

❻画面ロックの方法を選択する。ここでは、「PIN」をタップ。

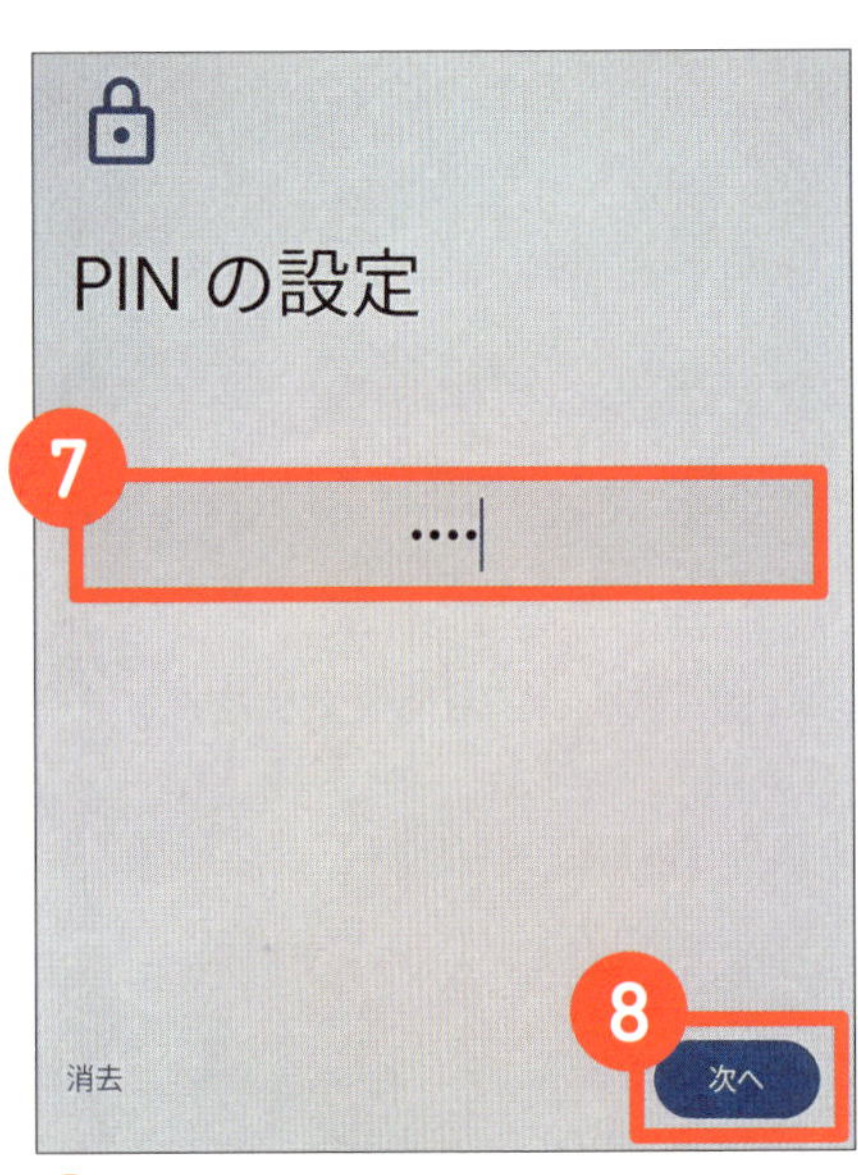

❼4～6桁の数字を入力する。

❽「次へ」をタップ。

❾前の手順で入力した数字の組み合わせを再度入力する。

❿「確認」をタップ。

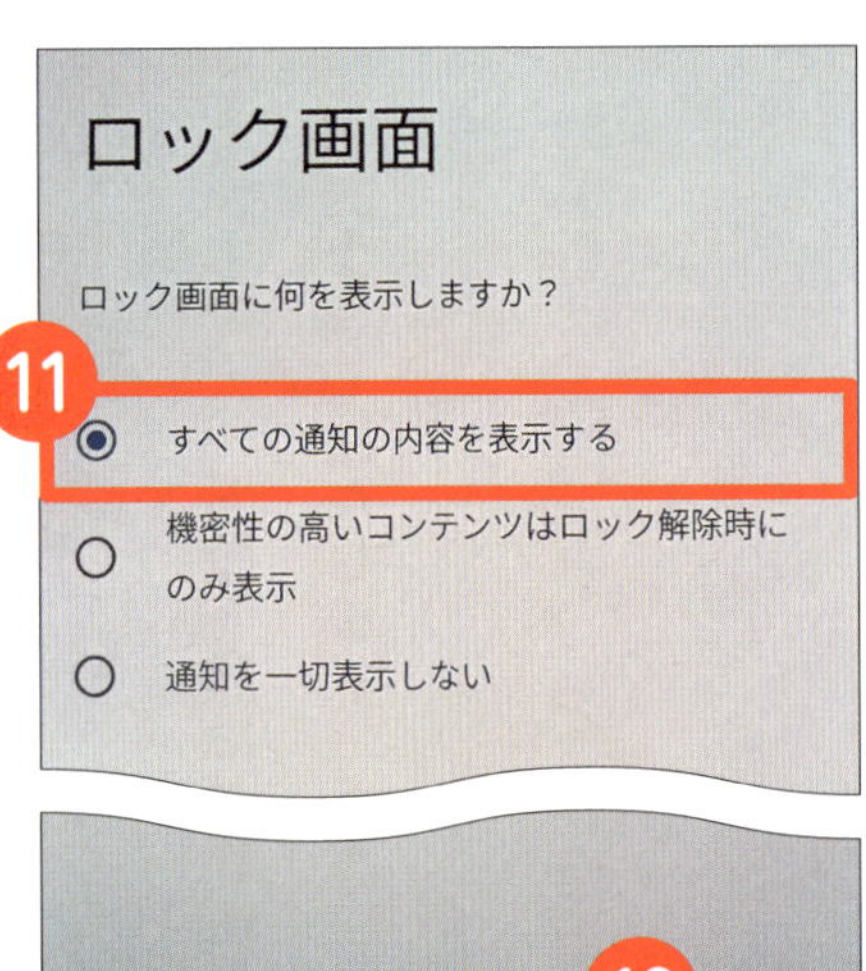

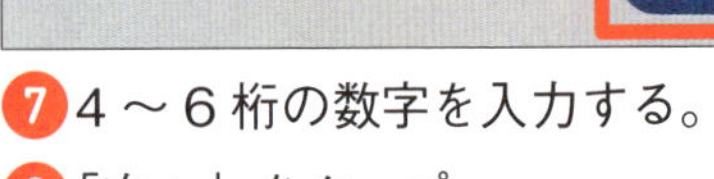

⓫ロック画面の通知の表示方法を選択する。

⓬「完了」をタップ。

アプリを切り替えるときは「ホーム画面」に戻る

スマホを操作していると、別のアプリを使いたくなることがあります。

アプリを切り替えるときは「**いったんホーム画面に戻る**」と覚えておいてください。ホーム画面に戻って、次に使うアプリを選ぶ。またアプリを切り替えたいときは、再びホーム画面に戻って、次に使うアプリを選ぶ、という具合です。

iPhoneのホーム画面に戻る方法

iPhoneのホーム画面に戻る方法はとても簡単です。**画面下部にある横長の棒線を、指をサッと滑らせるようにして画面の上部へ向かって動かします**。そうすると、見ているアプリが閉じて、ホーム画面が表示されます。

画面の下部に丸いボタンがあるiPhoneの場合は、そのボタンを一度押すだけで、ホーム画面が表示されます。

横長の棒線

丸いボタン

Androidのホーム画面に戻る方法

Androidのホーム画面に戻る方法は、2通りあります。

- 「ジェスチャー」で操作する方法
- 「3ボタン」ナビゲーションで操作する方法

「ジェスチャー」で操作する方法では、**画面下部の縁**から**画面の上部**へ向かって、指をサッと滑らせるように動かします。そうすると、ホーム画面が表示されます。

「3ボタン」ナビゲーションで操作する方法では、画面下部にある丸いボタンを2回タップします。すると、ホーム画面が表示されます。

ジェスチャー

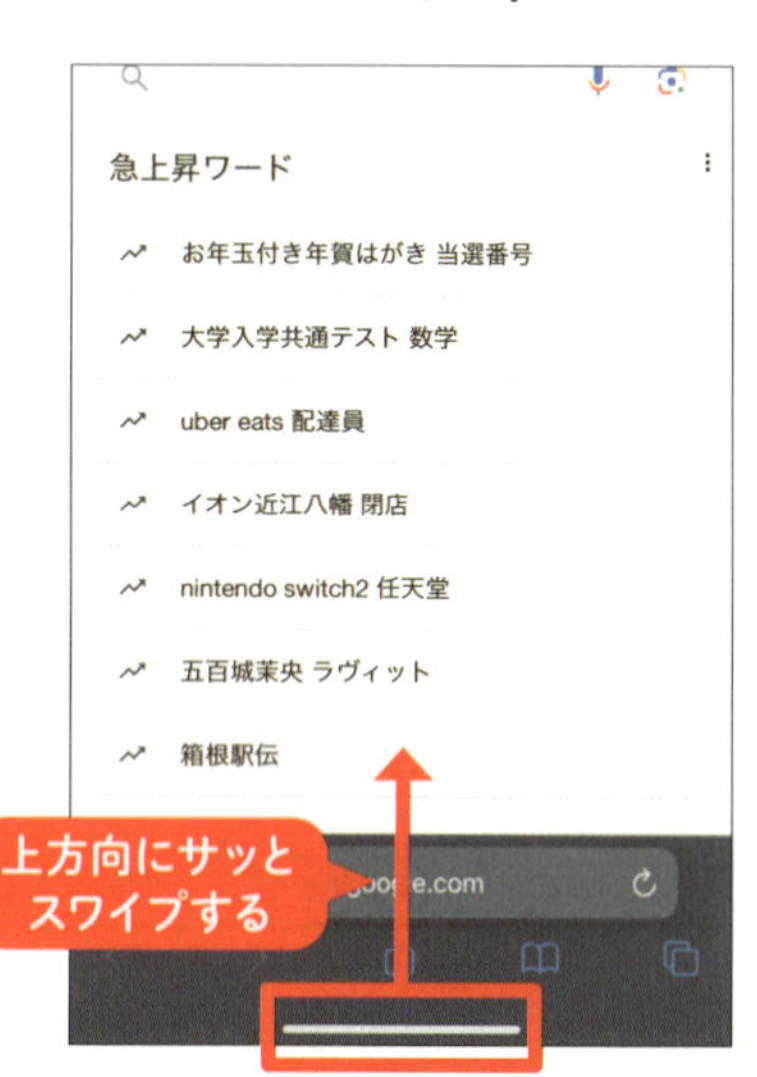

3ボタン

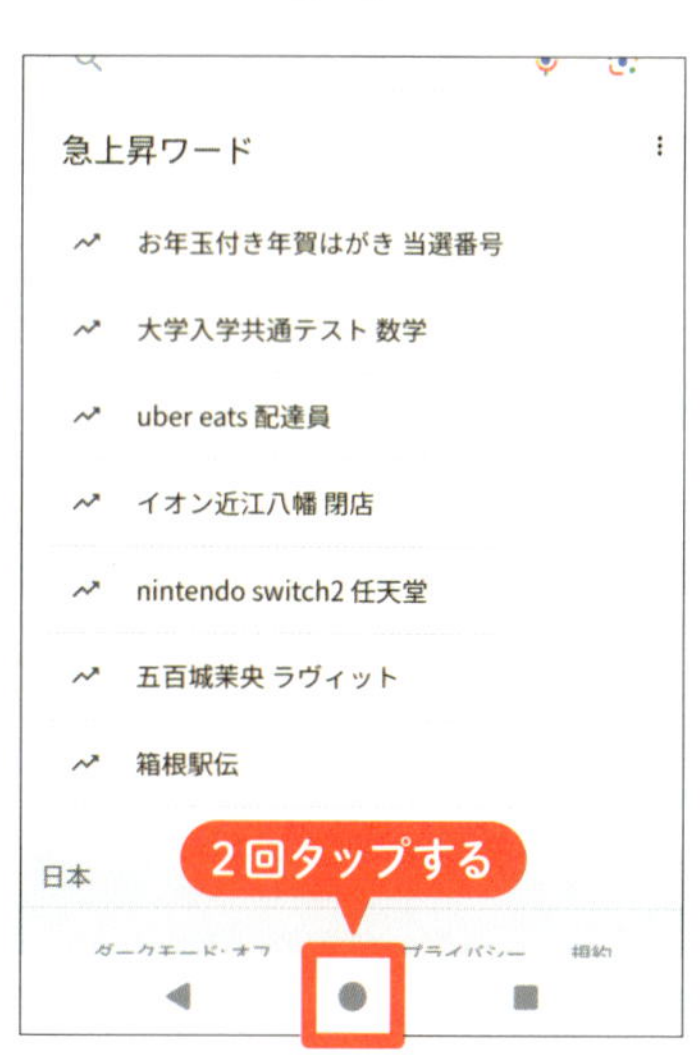

アプリを切り替える方法

ホーム画面に戻ることができたら、次に使いたいアプリのアイコンをタップします。そうすると、新しいアプリを使いはじめることができます。

この方法が最も簡単で、迷わないのでおすすめです。

「毎回、ホーム画面に戻るのはめんどくさい！」という方は、画面下部から上部へ向かって指を動かす際に、**画面の下三分の一くらいの場所で指を離してみてください**。指を滑らせることを途中でやめると、他のアプリ一覧が表示されます。

スマホの操作に慣れてきたら、こちらの方法で使うアプリを切り替えることもおすすめです。

いろいろなアプリを自由自在に使いこなそう

ホーム画面への戻り方、アプリの切り替え方

iPhone・Android共通

ホーム画面に戻る

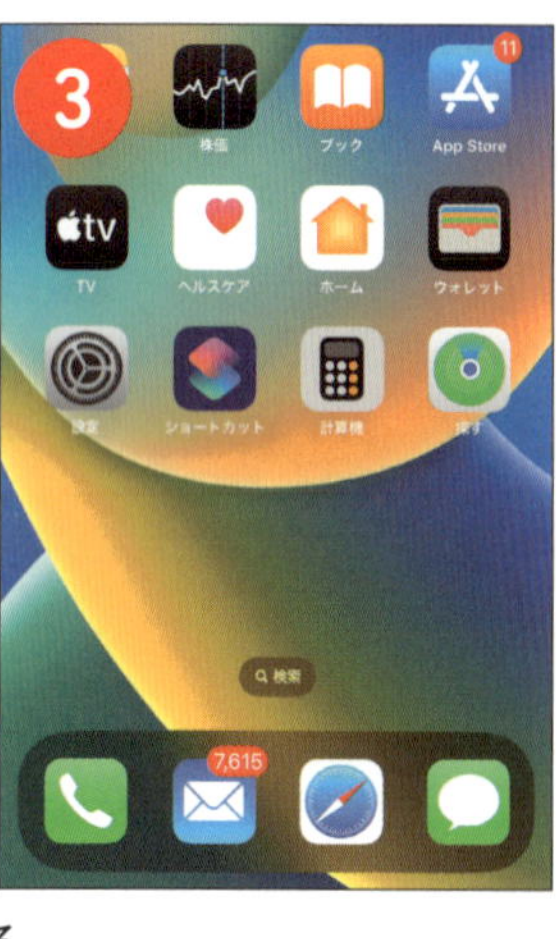

1 画面下部のバーに指を置き、上方向にスワイプする。

2 Android で 3 ボタンを設定している場合は、中央の丸いボタンを 2 回タップする。

本体にホームボタンがある iPhone の場合は、ホームボタンを押す。

3 ホーム画面に戻る。ホーム画面で他のアプリのアイコンをタップすると、起動できる。

Column 前の画面に戻りたいときは

ウェブサイトを見ているときや、LINE をしているときなどに、前の画面に戻りたいときは、上下左右のいずれかに「<」（戻る）や「×」（閉じる）のボタンがないか探してみてください。

iPhone・Android共通

別のアプリに切り替える

❶画面下部のバーに指を置き、上方向に少しだけスワイプする。

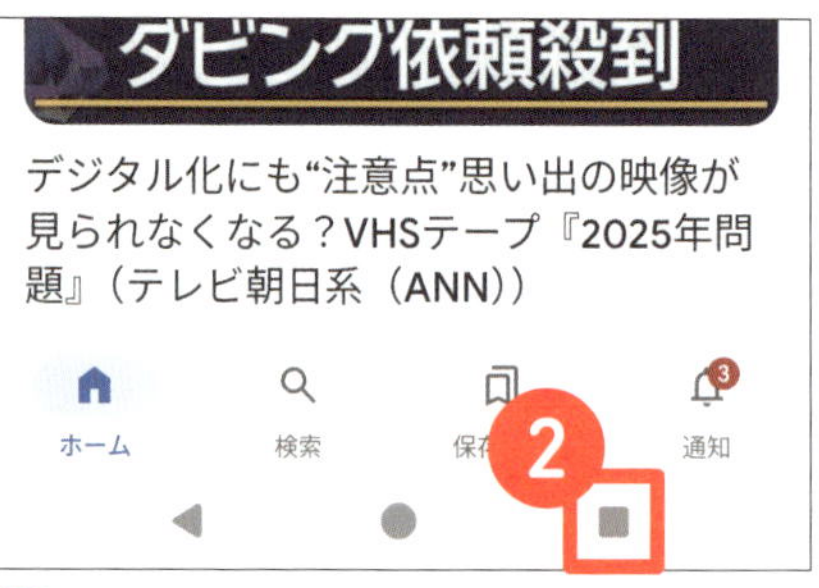

❷Android で 3 ボタンを設定している場合は、右下の「■」ボタンをタップする。

❸起動中のアプリの一覧が表示されたら、左右にスワイプして切り替えたいアプリの画面をタップする。

❹タップしたアプリに切り替わった。

スマホのお道具箱？「コントロールセンター」

「画面の明るさを変えたいな」

「ライトをつけたいな」

そんなスマホのよく使う機能が、見やすくまとまっている画面があります。いわば、便利機能を詰め込んだお道具箱といったところでしょうか。

このお道具箱のことを、ｉＰｈｏｎｅでは**コントロールセンター**、Ａｎｄｒｏｉｄでは**クイック設定パネル**といいます。98ページで画面の明るさを調整したときに、スマホの上部から引っ張り出してきたのが、この画面です。この他にも、インターネットを切る／入れる、音を消すなど、さまざまな機能を、この画面からサッと設定できるので便利です。

iPhoneの場合

コントロールセンターでよく使う機能

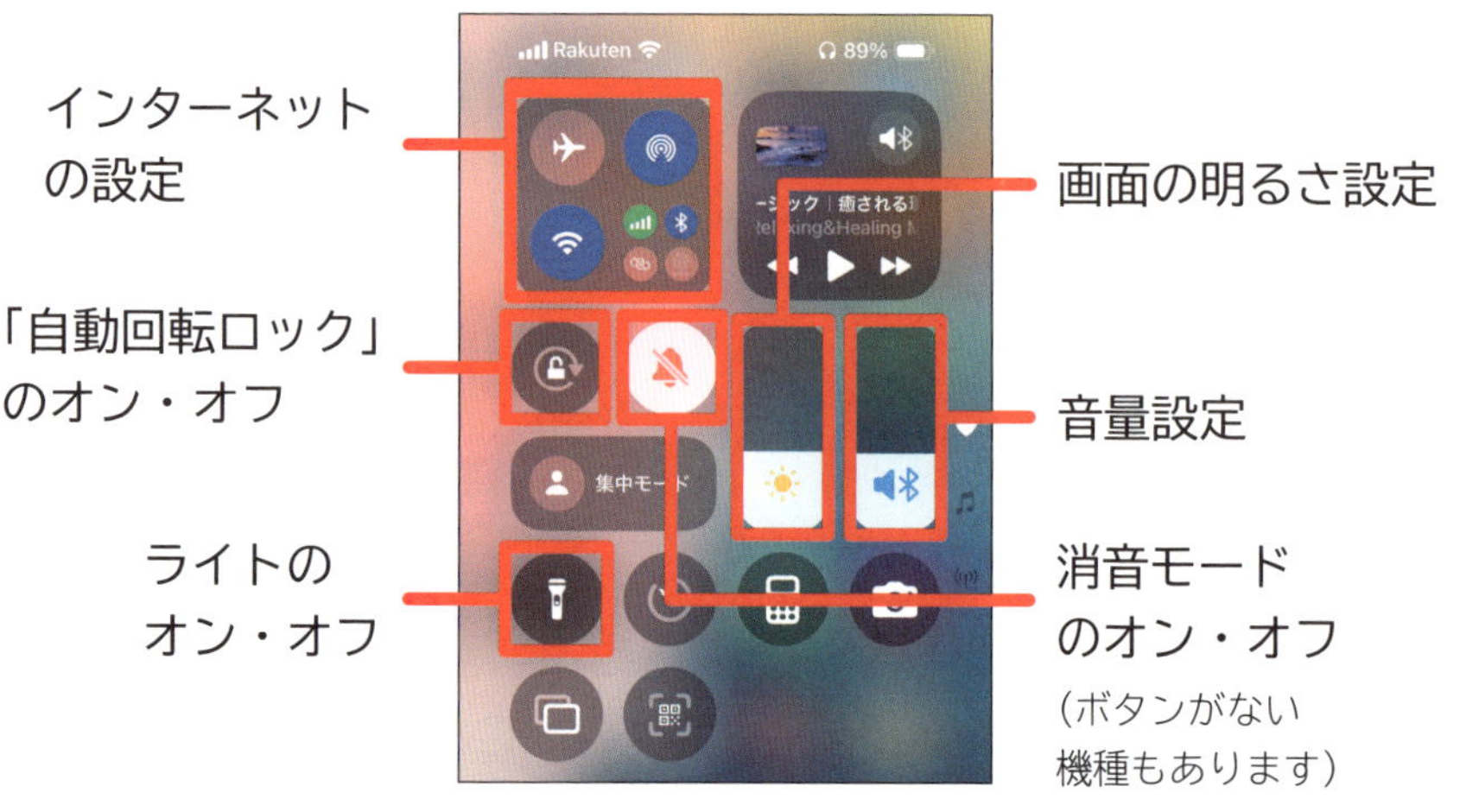

Androidの場合

クイック設定パネルでよく使う機能

●1回目のスワイプ

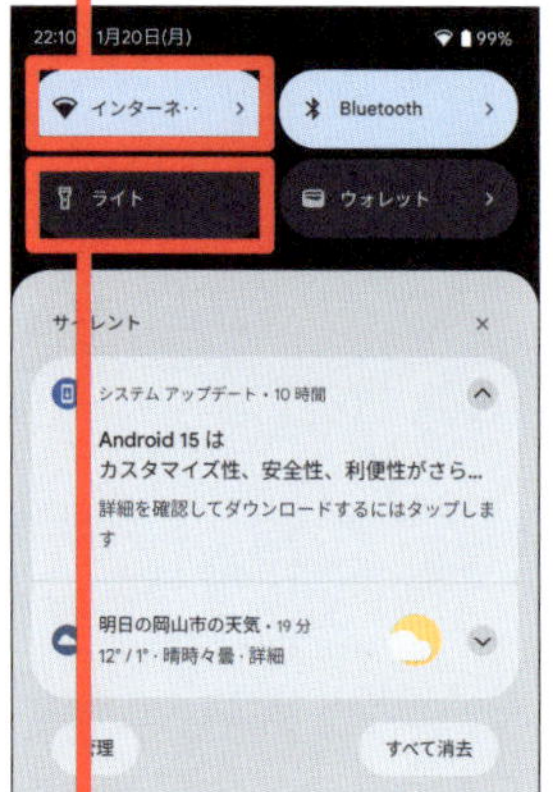

●2回目のスワイプ

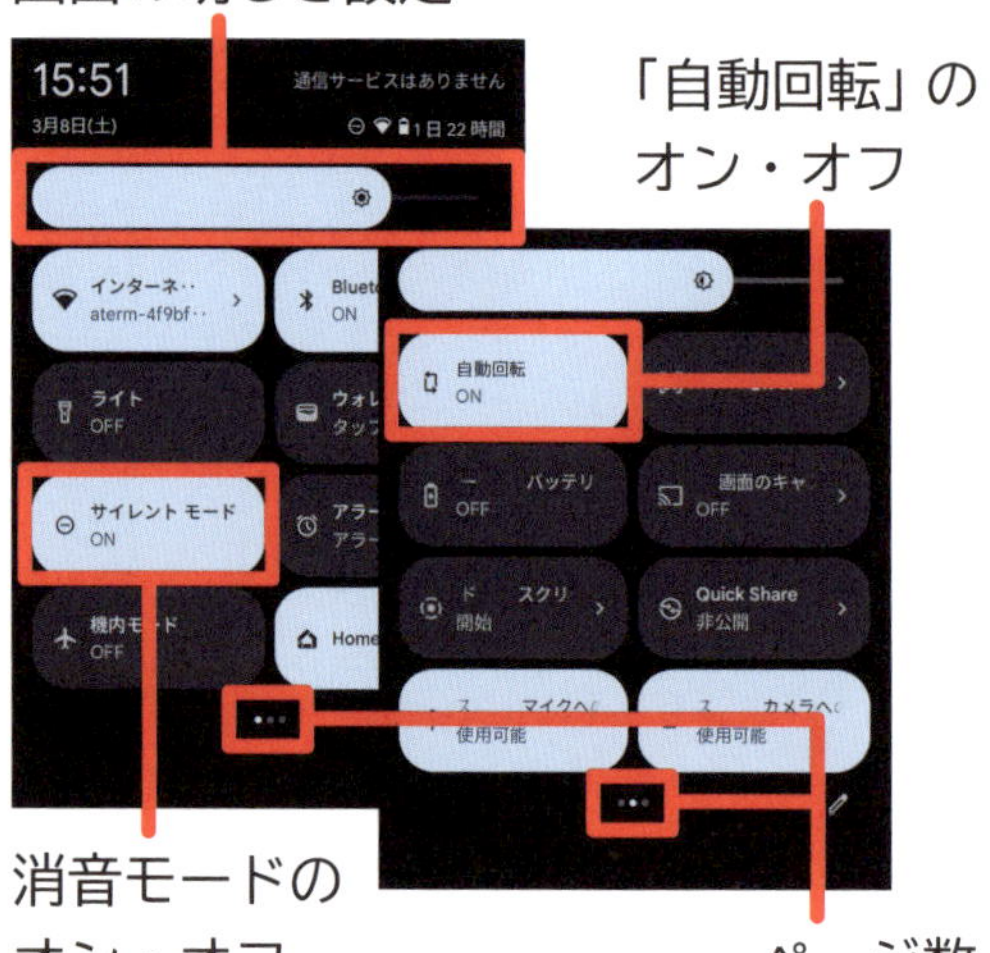

画面が急に横向きになった！　どうして？

「表示が急に横向きになったり縦向きになったりするのだけど、壊れちゃった？」

地図アプリの解説をしているとき、生徒さまよりこんなご質問をいただいたことがあります。ご安心くださいね、壊れてはいません。

スマホを横向きに傾けると、画面の表示も一緒に回転して、横向きになります。スマホは縦に持っていると、どうしても表示幅が狭くなります。そのため、動画や地図などは表示が縮小してしまうのです。これを横向きに回転させることで、少しでも大きく見せたい……というスマホなりの工夫ではあるのですが、スマホを持っているときにコロコロと表示が変わると見づらい、ということもあるでしょう。

そんなときは、お道具箱の**コントロールセンター**や**クイック設定パネル**を開きましょう！　その中の**「自動回転」**をオフにすれば、スマホを横にしても縦表示のまま、固定されます。元に戻すには、同じボタンをもう一度タップします。

コントロールセンターから、即問題解決！

「画面がクルクル回る！」をストップ

iPhoneの場合

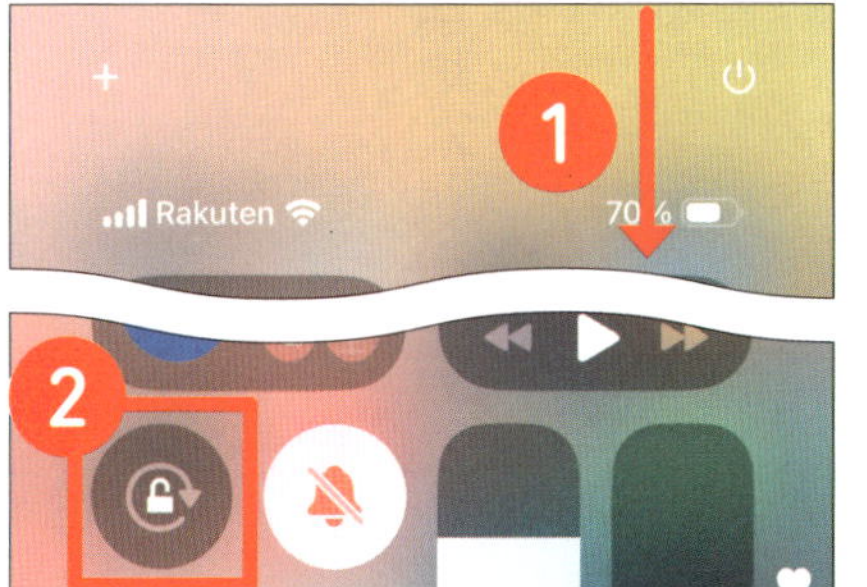

❶画面の右上隅に指を置いて下方向にスワイプし、コントロールセンターを表示する。

❷鍵の絵のボタン（画面縦向きのロック）をタップ。

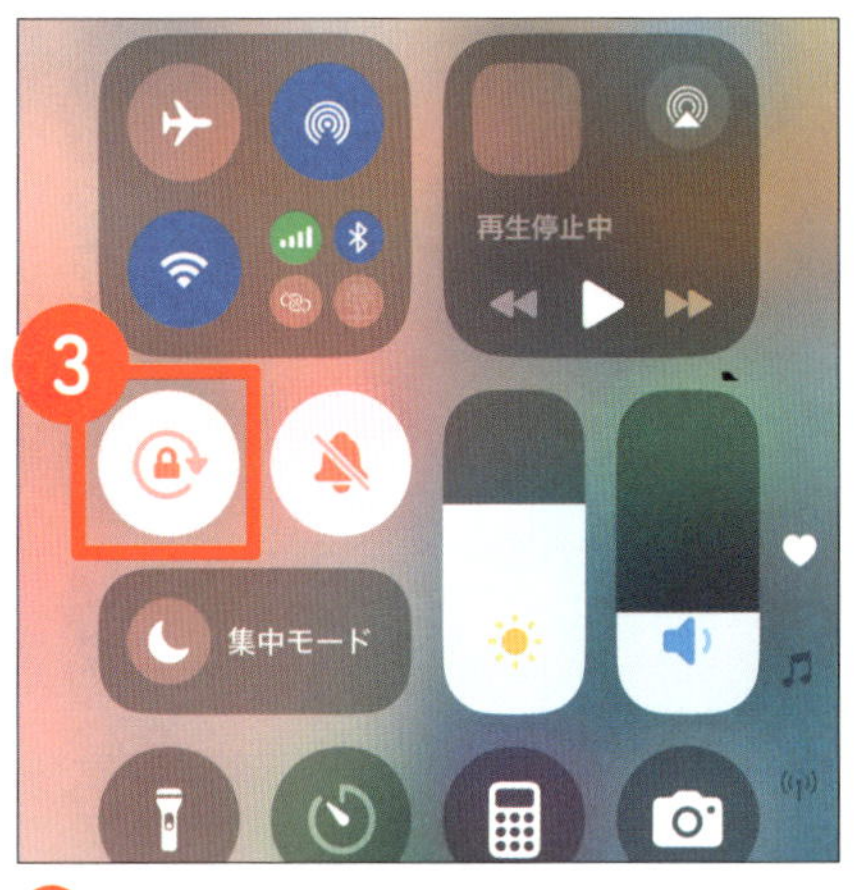

❸ボタンに色が付くと、自動回転しなくなる。

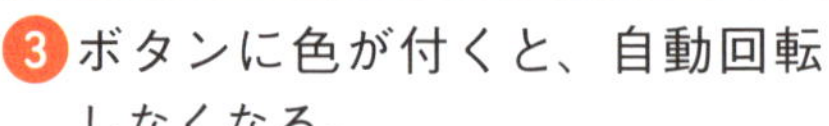

Androidの場合

❶画面上端から下方向にスワイプする。

❷もう一度、画面上端から下方向にスワイプする。

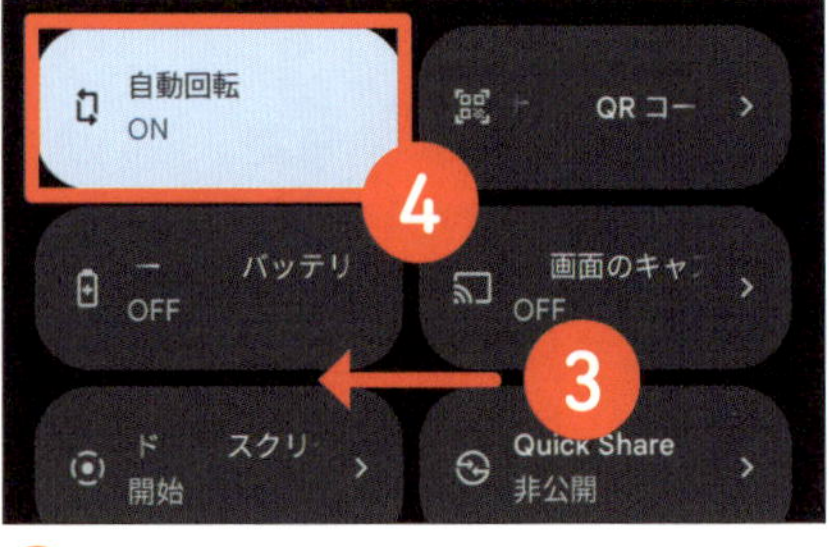

❸クイック設定パネルが表示されたら、画面を左方向にスワイプして、次のページを表示する。

❹「自動回転（ON）」をタップすると、自動回転しなくなる。

お静かに願います！「消音モード」を使う

先日、喫茶店で70代後半の女性とお茶を楽しんだときのことです。彼女はスマホをテーブルに置いていましたが、その間「ピコン♪」「シュポッ」といった音が何度も鳴り、彼女も音が鳴るたびにスマホの画面を見て、確認していました。

これらの音は、スマホやアプリが新しい通知を受け取ったときに生じるものです。ＬＩＮＥでメッセージが届いた、ニュースアプリから新着ニュースのお知らせがきた、などなど……。せっかくの楽しい時間なのに、通知に気を取られて話が中断してしまうのは、少しもったいない気がしませんか？

でも、わざわざ電源を切る必要はありません。**消音モード（Androidはサイレントモード）**をオンにするだけで、音が鳴らなくなります。もちろん、再度同じボタンをタップすれば元の設定に戻るので、用事が済んだら戻しておくといいでしょう。

必要な場面では着信音や通知音を消しておこう

消音モードにする

iPhoneの場合

❶画面の右上隅に指を置いて下方向にスワイプし、コントロールセンターを表示する。

❷ベルの絵のボタン（消音モード）をタップ。ボタンに色がつくと、消音になる。

❸コントロールセンターにボタンがない場合、スマホの左側にあるサイレントスイッチを背面側に動かすと、消音モードになる。

Androidの場合

❶クイック設定パネルを表示し､「サイレントモード」をタップする。

❷「サイレントモード」がオンになり、消音となる。

それ、電源切れていません！

「先日、孫のピアノのコンサートに行ってきたの！　だけど、コンサート中に着信音が鳴ってしまって、恥ずかしかったわ……。電源は切ったはずなのに」と、ある生徒さんから、ため息混じりのご相談がありました。

電源を切ったなら、音は鳴らないはず。おかしいな？　と思って確認したところ、電源のボタンを一度軽く押しただけだと判明。確かに画面は暗くなりますが、これは電源を切った状態ではなく、**待機状態（スリープモード）になっただけ**なのです。

待機状態なので、着信があった場合は音が鳴り、周りに迷惑をかけることになります。

スマホの電源を切りたい場合は、決められているボタン（多くの機種は、本体左右の電源ボタンと音量ボタン）を長押しして、表示される画面にしたがって**「電源を切る」という動作を確実に実行することが必要です。**

毎日、電源を切るべき？

毎日電源を切って寝るという方もいらっしゃいました。

「だって、パソコンは毎日、夜に電源を切るでしょ？」

実は、**スマホは毎日電源を切る必要はありません。**

電源を切る→入れるを繰り返すと、スマホに負荷をかけてしまいます。

- **何かの不具合が起きたときに、再起動する**
- **更新があったときに、再起動する**

このような場面で、（再起動とセットで）電源を切ります。なお、Ａｎｄｒｏｉｄのシャットダウンのメニューには、「電源を切る」と「再起動」の項目があります。

Android のメニュー

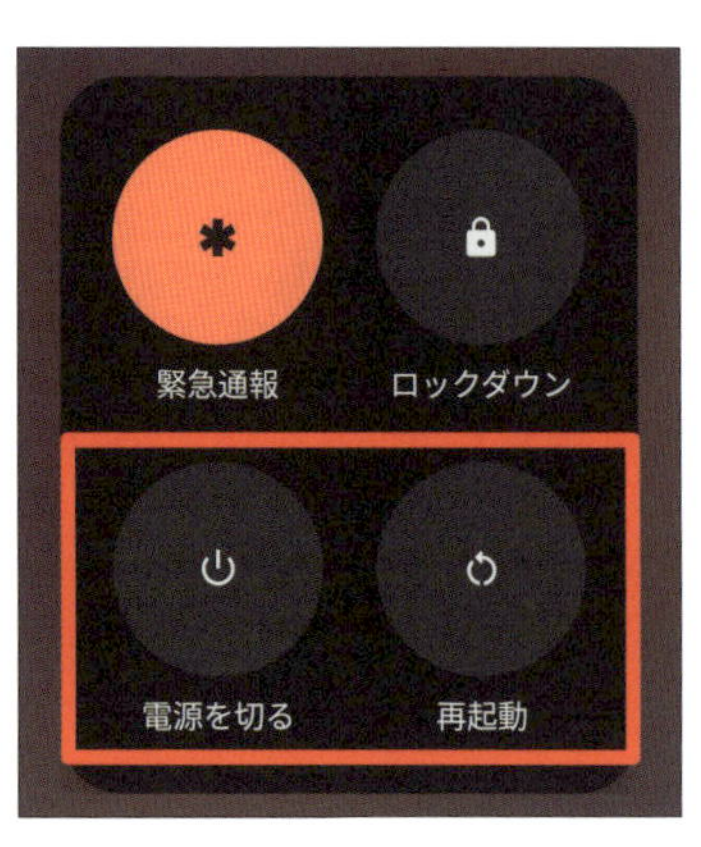

充電はこまめにしたほうがいい？

シニアの方は、仕事をリタイアすると、自宅にいる時間が長くなります。

ある日、生徒さんに、スマホを充電する頻度を伺ってみました。

「使わないときはずっと充電ケーブルを挿したまま。１００％なら、いざ出かけるときに安心するもの」

「こまめな充電はよくないと聞いた。なるべく充電はしないよ」

さまざまなご意見が出ましたが、「**こまめには充電しない**」が多かったのです。

ここで、「充電の正解」を紹介します。

- **一般的にはこまめに充電するのが推奨されている**
- **電池残量80％～20％の範囲内で充電を維持することが、バッテリーの寿命に効果的**
- **急速充電をできるだけ避ける**

昨今、スマホの価格は高騰し、さらに性能も頭打ちの状況です。**元々の性能がよいので、買い替えを控え、できるだけ長く使う！** という考えでよいと思います。

長く使うには、**バッテリーの健康を維持する**ことが重要です。

充電ケーブルを挿したまま、常に100％の状態を続けているのはよくありません。

正しい充電は長持ちの秘訣

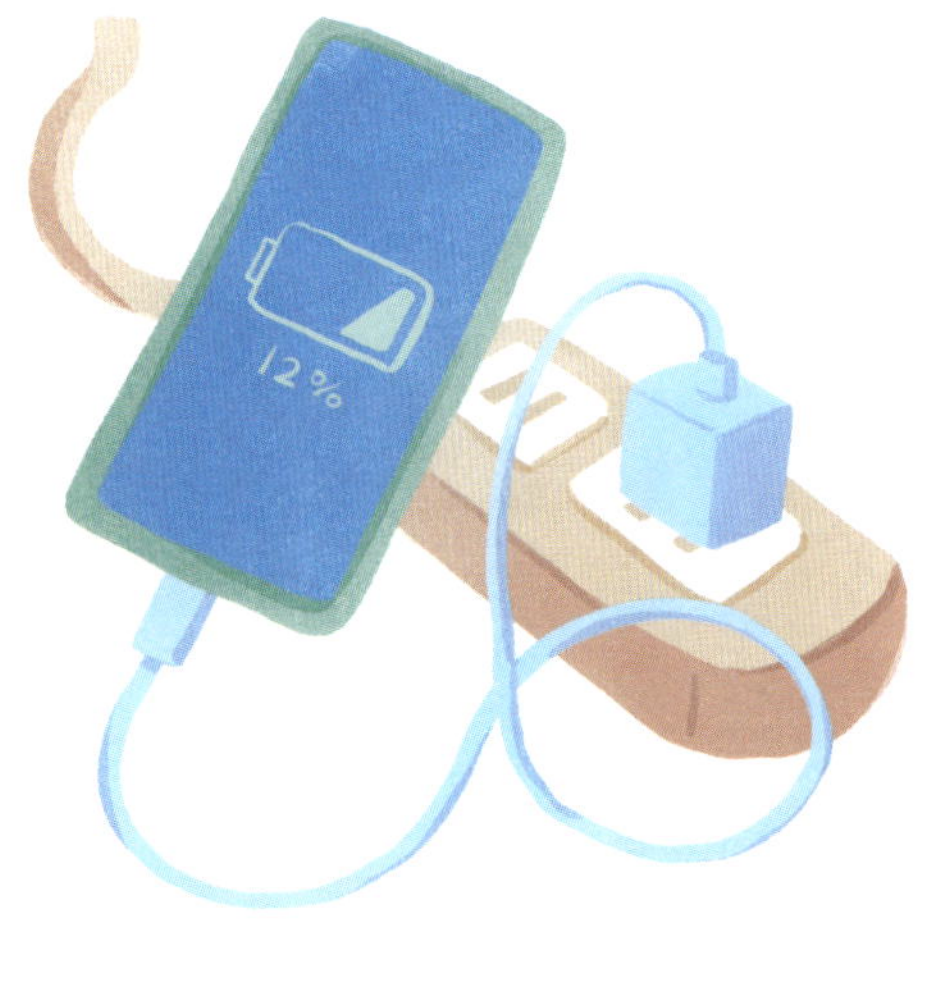

充電しながらお友だちと通話するなどの、充電と放電の同時進行もなるべく避けましょう。

ちなみに、充電速度は常に同じではないのをご存じでしょうか？　80％までは高速充電し、そのあとはゆっくり充電しています。高速充電はバッテリーに負荷をかけるので、「使い切ってから充電」ではなく、**こまめに充電が正解**なのです。

充電のいろは

改めて正しい充電方法をまとめると、

- **電池残量20%～80%の範囲で充電するのが理想的**
- **日常的に数分から数十分程度の充電を繰り返しても、悪影響はほぼない**
- **フル充電（100%）は長時間外出するなど、必要なときだけに限定する**
- **スマートフォンの一部モデルには、「充電を80%で止める」「夜間充電のスピードを調整する」などの機能がある**

わかりづらいなあと思ったら、人間と同じように考えるといいですね。食べ過ぎはよくありません（腹八分目と言いますね）。大切に扱ってあげてください。

また、安価な充電器やケーブルは、バッテリーを痛める可能性があります。純正品を使うか、または信頼度の高いメーカーのものを使うのがおすすめです。

他にも、**スマホは適切な温度で使用しましょう**。極端な高温や低温に弱いので、0℃から35℃程度で使用するのが理想です。夏、車内に置きっぱなしにするのはだめです。

アイコンの意味を知ろう

「画像を保存してって言われたけれど、保存ボタンってどれ？」

70代の生徒さまからのご質問です。なんでも、お子さんからLINEで孫の写真が送られてきた際、「保存しておいてね」と言われたそうです。しかし、どこにも「保存」と書いてあるボタンがないとのことでした。

アプリは「**アイコン**」と呼ばれる、**操作内容を簡単な図柄で表現したボタン**がいたるところに使われているのですが、確かに、ぱっと見で意味が伝わりづらいものもあります。ここでは、9つの代表的なアイコンついて、その見た目と意味を紹介します。

①検索

虫眼鏡のアイコンは「**検索**」という意味です。アプリの中で自分が探しているものを見つけるときに使います。たとえば「ニュース」アプリで記事を探すときに押すと、探したい用語を入力できる画面が表示されます。

②ダウンロード

ダウンロードとは、「**スマホにデータを取り込む（保存する）**」という意味です。下向きの矢印マークが多いです。アプリやファイル、写真、音楽などをスマホに取り込んで保存する際に押します。

③履歴

時計や、矢印がぐるっと回っている形のアイコンは「**以前見たものを振り返る**」という意味です。このアイコンをタップすると、最近開いたアプリやWebサイト、見た動画、送ったメッセージなどが一覧で表示されます。

④進む・戻る・閉じる

「進む」は「**今見ている画面から次の画面へ進む**」、「戻る」は「**前の画面へ戻る**」、「閉じる」は「**アプリや画面を閉じて終了する、キャンセルする**」ためのアイコンです。それぞれ右矢印、左矢印、×のマークであることが多いです。

〉進む
〈戻る
×閉じる

⑤共有

共有のアイコンは「**これを誰かに送る、みんなで分ける**」という意味です。上矢印や、3点を結ぶようなマークであることが多いです。このアイコンをタップするとお気に入りの写真や、気になるニュースなどを他の人に送ることができます。

⑥ゴミ箱

ゴミ箱のアイコンは「**削除する**」という意味です。スマホの不要な写真やアプリなどを消したいときタップすると、それらを削除できます。

⑦メニュー

メニューのアイコンは「**アプリのさまざまな選択肢や設定をまとめている場所**」という意味です。３本線や３点のマークで表されることが多いです。このアイコンをタップすると、アプリの設定や、他の画面に移動するための選択肢を確認したり、変更したりできます。

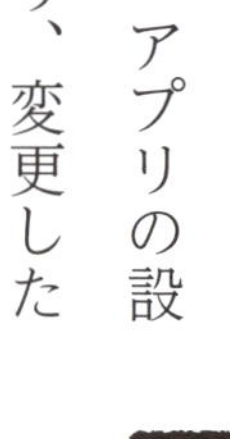

⑧ ホーム

ホームのアイコンは「**アプリの最初の画面に戻る**」という意味です。もし迷ってしまったときなどにタップすれば、すぐに最初の状態に戻れます。家の形をしていることが多いです。

⑨ 設定

歯車のアイコンは「**設定**」という意味です。登録情報を変更したり、通知の設定を変更したりできます。

スマホには受話器がない!?　電話に出る・切る

スマホには受話器がありません。そのため、画面の受話器マークをよく見てください。

- **緑は電話に出る（受話器をとる）**
- **赤は電話を切る（受話器を置く）**

出る（進む）は緑、切る（止まる）は赤。**信号機の色で覚えましょう。**

ある日、Aさんが友人Bさんと待ち合わせ中、スマホで通話しながらお互いを探していました。姿が見えて通話を切ったつもりが、お互い実は切れていませんでした。

- **Aさん：スマホを耳から離し、切れたと思い込んだ**

- **Bさん：丸いボタン（ホームボタン）を押してホーム画面に戻っただけだった**

電話を切らないとどうなる？

- **通話時間が継続するので、通信料金が発生する可能性がある**
- **バッテリーを消費してしまう**
- **他の着信を受けられない可能性がある**

特に、スマホの画面が「ホーム画面」になって、切れたと思い込んでそのままにしていたら、なんとずっと通話中で、相手に全部聞こえていた……なんていうことも。「**相手が切ったと思っても、自分もきちんと切る意識を持つ**」「**切るときに画面をよく見る（小さい受話器のマークがあったらまだ通話中）**」このことをよく覚えていてください。

受話器のマークに注目しよう

電話に出る・電話を切る

iPhoneの場合

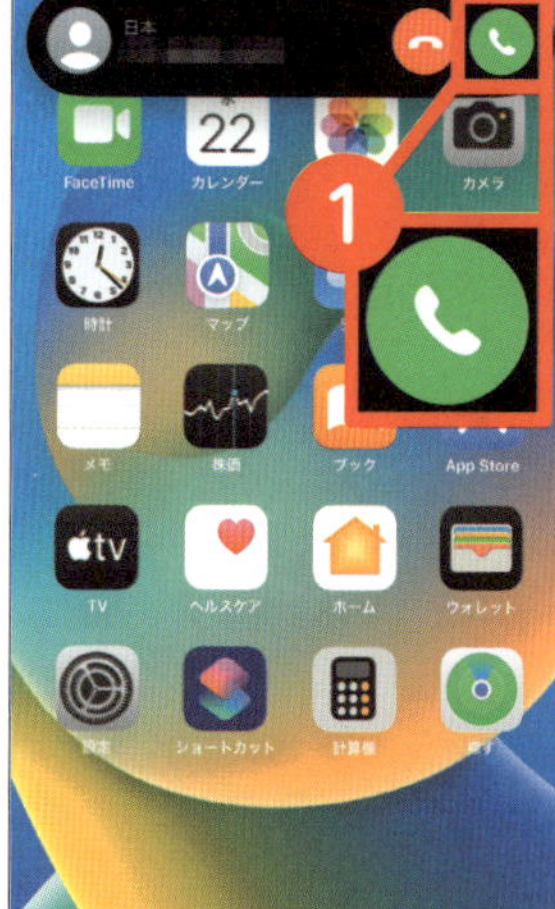

1 電話がかかってきたら、画面上部に表示される緑色の受話器の形をしたボタン（応答ボタン）をタップ。通話画面に切り替わり、相手と通話できる。

2 画面ロック中に電話がかかってきた場合は、受話器の形をしたボタンを右方向にスワイプすると、通話画面に切り替わる。

3 通話を終了する場合は、赤い受話器の形をした終了ボタンをタップ。

Column　スマホを机に置いて話すには

電話中にスマホをずっと持っていると、手が疲れることがあります。そんなときは、通話画面にある「スピーカー」ボタンを押します。これで、スマホを顔に近づけなくても相手の声がはっきり聞こえ、こちらの声もしっかり相手に伝わるようになるので、スマホを机に置いたままで通話できます。

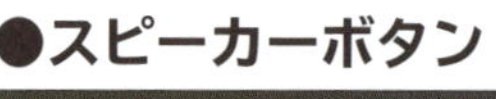

●スピーカーボタン

Androidの場合

❶電話がかかってきたら、「応答」をタップ。

❷画面ロック中は、受話器の形のボタンを上方向にスワイプして応答する。

❸通話を終了する場合は、赤い受話器の形をした終了ボタンをタップ。

Column　機種によって画面が異なる場合も

Androidの場合は、通話画面が機種によって異なる場合があります。たとえばGalaxyシリーズのスマホ（サムスン）であれば、着信中に緑色の受話器のアイコンをタップすれば応答できます。また、画面ロック中に電話がかかってきた場合は、受話器の形をしたボタンを右方向にスワイプすると電話に出ることが可能です。

スマホの電話番号は、現代の身分証？

80歳の生徒さまから、ご相談をいただきました。その方は、スマホを所持しておらず、パソコンと固定電話で不自由なく暮らしてきたそうです。ところが最近、ウェブサイトで会員登録する際に、スマホの電話番号が必要なことが増えたそうです。

「なぜ固定電話ではなくスマホの電話番号でなければいけないのか？」

というものでした。

実はスマホの電話番号は、今や「**重要な鍵**」の役割を担っているのです。

インターネット上で何かのサービス（ネットショッピングやネット銀行など）を受けるときは、アカウントを作り、それを開けるための**パスワード（鍵）**が必要です。

ところが、近年はあまりにサービスが増えたために、私たち自身も管理が大変になりました。そんな背景もあり、こういう人が増えたのです。

- **忘れないように、誕生日などの思い出しやすいパスワードにする**
- **同じパスワードを他のサービスでも使い回す**

しかし、これでは企業側は安全なサービスを提供できません。そのために、「**本人確認ができる別の何か**」が必要になったのです。

スマホの電話番号は、世界にひとつだけのデジタル住所

スマホの電話番号は、自分で契約をして、取得するものです。そのため、この電話番号を提示できるか否かで本人確認をするシステムが増えています。

「固定電話はダメなのか？」という声も聞こえてきそうですが、固定電話は家やオフィスに設置されており、複数人で使っているので、個人の特定に使うことはできません。また、スマホのように外出先では連絡を受け取れません。

「認証コード」や「ワンタイムパスワード」を入力する方法

本人の電話番号であることを確認をするために、スマホの電話番号宛てに**認証コード**や**ワンタイムパスワード**が届きます。その番号をアプリやウェブサイトの該当欄に入力することで、本人確認を行います。具体的な流れは次の通りです。

① 使いたいアプリやウェブサイトの登録画面で、スマホの電話番号を入力する
② 電話番号のSMS（ショートメッセージアプリ）宛てに認証コードやワンタイムパスワードが送られる
③ 届いた番号やパスワードを、アプリやウェブサイトの画面に入力する
④ 本人確認が行われる

見ていただいた通り、**SMSアプリや使いたいアプリの画面を行ったり来たりする**の

で、操作が少し大変かもしれません。ですが、目の前にいない「あなた」を確認するためには必要な操作なのです。これからスマホを使っていくうちに何度も遭遇する操作なので、使っていく中で、徐々に慣れていただきたい操作です。

メッセージアプリをタップする

認証コードを確認する

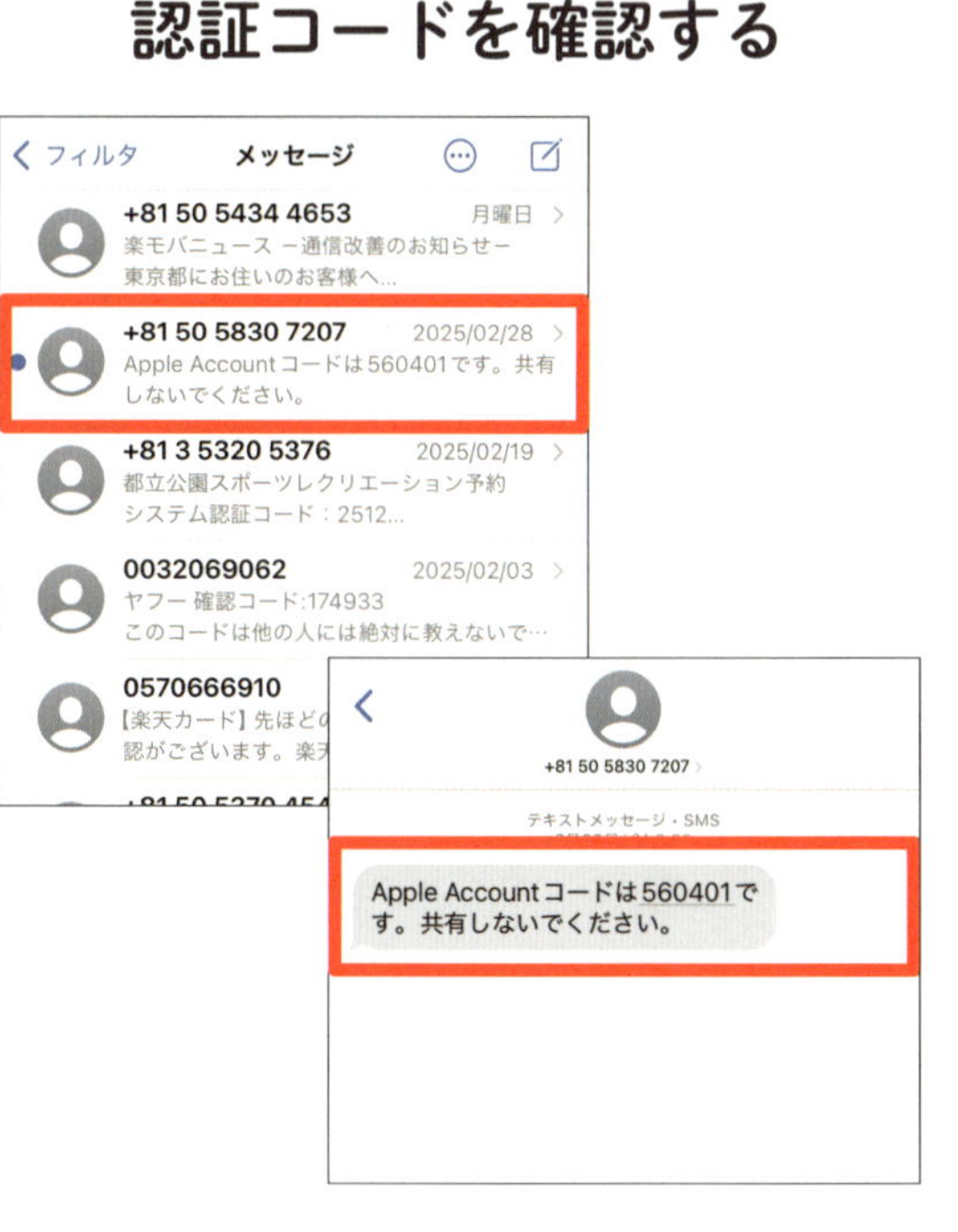

詐偽被害から自分を守るシンプルな習慣

知らない番号から電話がかかってきて、「あれ、出るべきかな？」と迷うことはありませんか？　実は、そんな電話の中には詐欺やセールスといったトラブルが隠れていることも……。「**知らない番号には出ない**」だけで、そんな被害を減らせます。

知らない番号の電話は何が危ないの？

振り込め詐欺やしつこいセールスの電話。特に怖いのは、相手が私たちを「**慌てさせる**」作戦を使ってくること。「**あとでゆっくり、冷静に考えさせない話し方**」をします。だから、まずは冷静になるためにも、知らない番号には出ないことが一番です。

インターネットを使って着信の電話番号を調べてみる、という人もいらっしゃいます。ですが、自分を守るうえで大切なポイントはメールも電話も同じです。**そもそももらっ**

た電話、あるいはメールのすべてに対応しようとしないことです。お店などはいつもの正規のルートで、正しい番号を自分で入力し、こちらからかけてください。

知らない番号の電話に出ないだけで、こんなにメリットがあります。

- **住所や名前、家族のことなど、大切な情報を渡してしまうリスクを防げる**
- **しつこいセールスや怪しい電話に振り回されなくなる**
- **「また変な電話かも」と心配しなくてよくなる**

各通信業者には、**留守番電話サービス**があります。これを契約することで、いったん電話には出ずに、相手の要件を聞くことができます。録音された音声は、「電話」アプリまたは留守番電話サービスセンターから聞けます。

知らない番号からの着信は留守電にお任せ！

留守番電話の使い方

iPhoneの場合は「電話」アプリから聞くか、留守番電話サービスセンターに電話することでメッセージを確認できる。Androidの場合は、留守番電話サービスセンターに電話しよう。

iPhoneの場合

「電話」アプリからメッセージを聞く

1 「電話」アプリをタップして起動する。

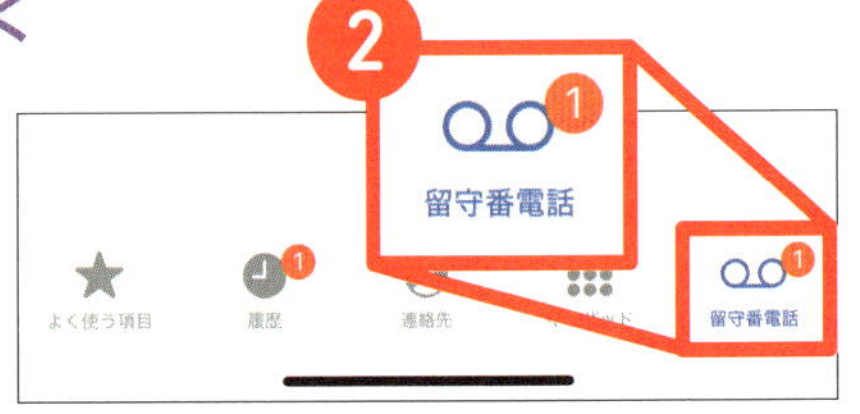
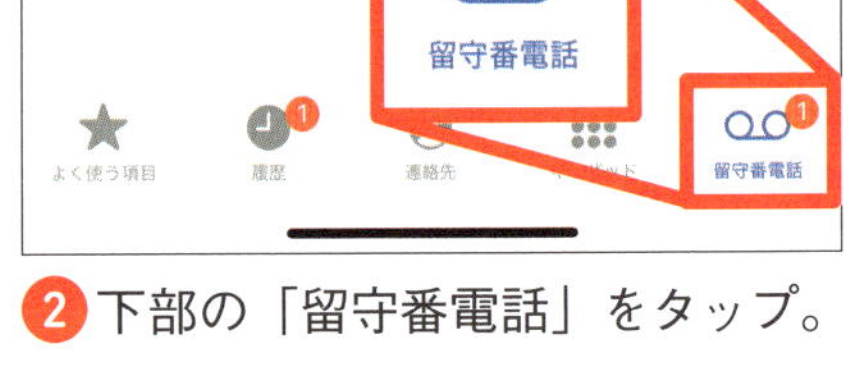

2 下部の「留守番電話」をタップ。

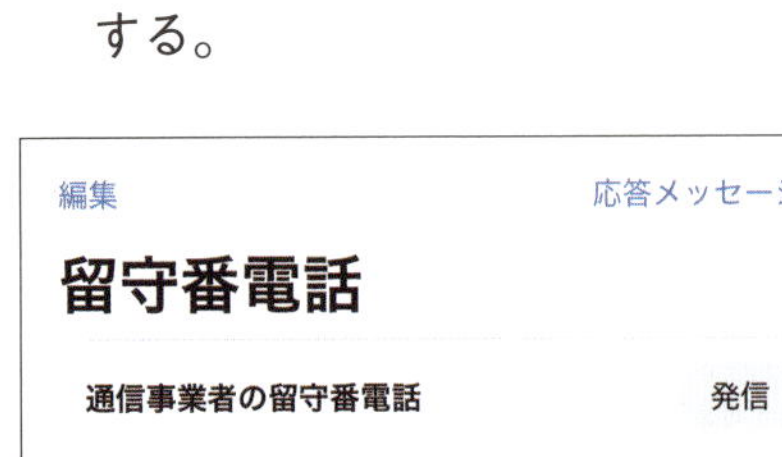

3 再生したいメッセージをタップ。

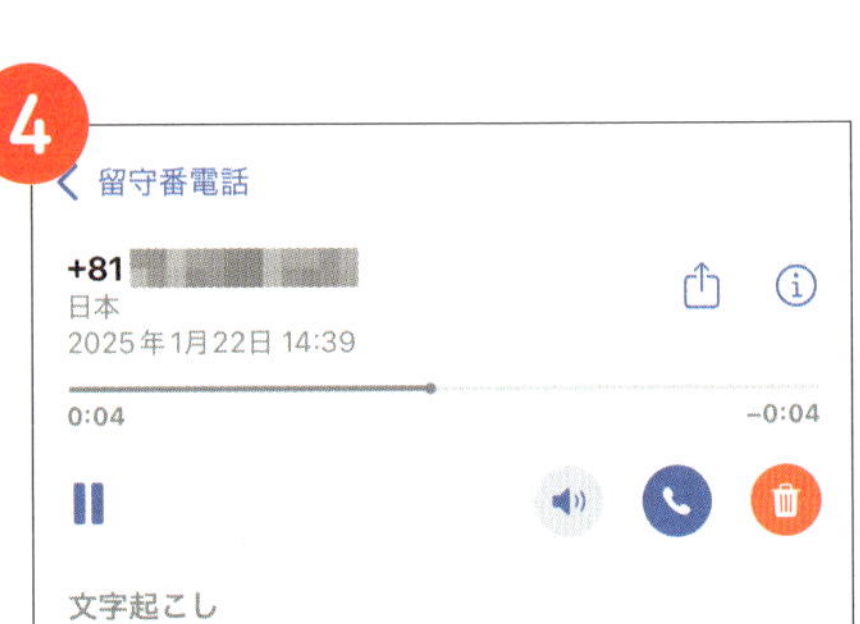

4 メッセージが再生される。

Column 留守番電話を契約する

留守番電話を利用するには、ソフトバンクやau、ドコモなどの通信事業者とあらかじめ契約しておく必要があります。通信事業者によって料金が異なるため、スマホを購入したお店で相談してみてください。

iPhoneの場合

留守番電話サービスセンターを利用する

❶「電話」アプリをタップして起動する。

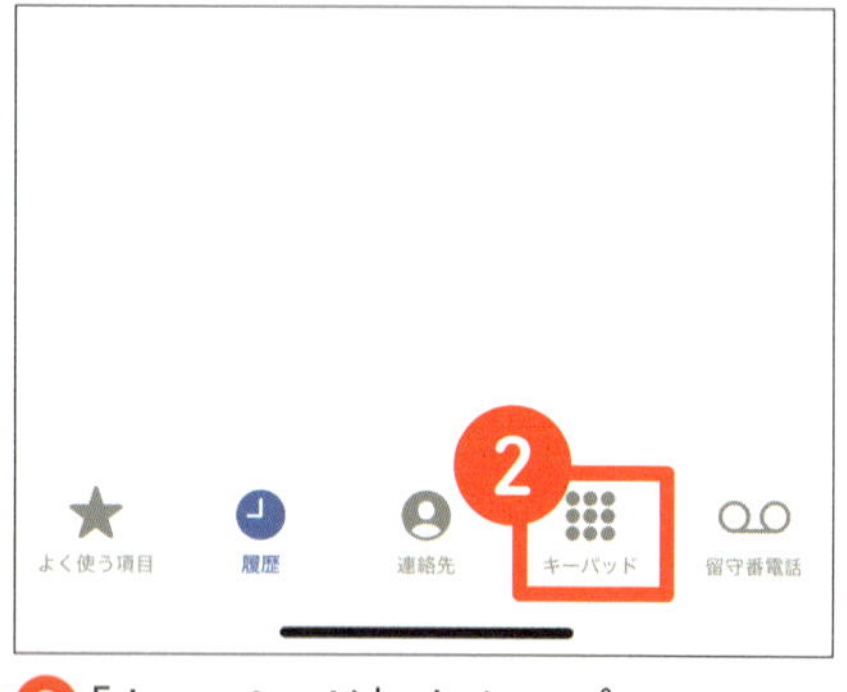

❷「キーパッド」をタップ。

❸契約した通信事業者の留守番電話サービスセンターの電話番号を入力する。

❹受話器の形をしたボタンをタップ。

❺メッセージが届いている場合は、再生される。

Androidの場合

留守番電話サービスセンターを利用する

❶「電話」アプリをタップして起動する。

❷右下のキーパッドのボタンをタップ。

❸契約した通信事業者の留守番電話サービスセンターの電話番号を入力する。

❹「音声通話」をタップ。

❺メッセージが届いている場合は、再生される。

友人や家族は連絡先に登録しておくと便利

連絡先を登録する

❶「連絡先」アプリをタップして起動する。

❷「+」をタップ。

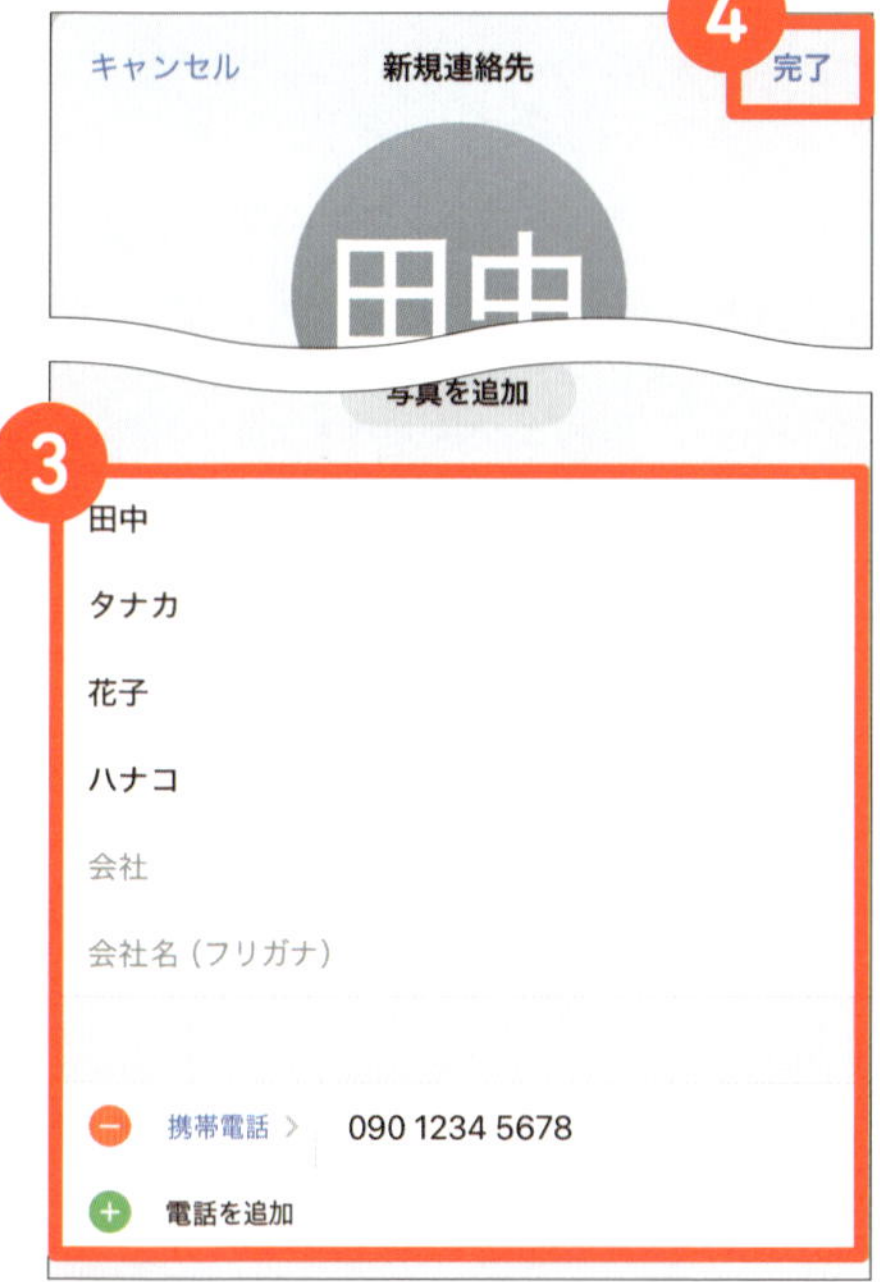

❸名前や電話番号などを入力する。
❹「完了」をタップ。

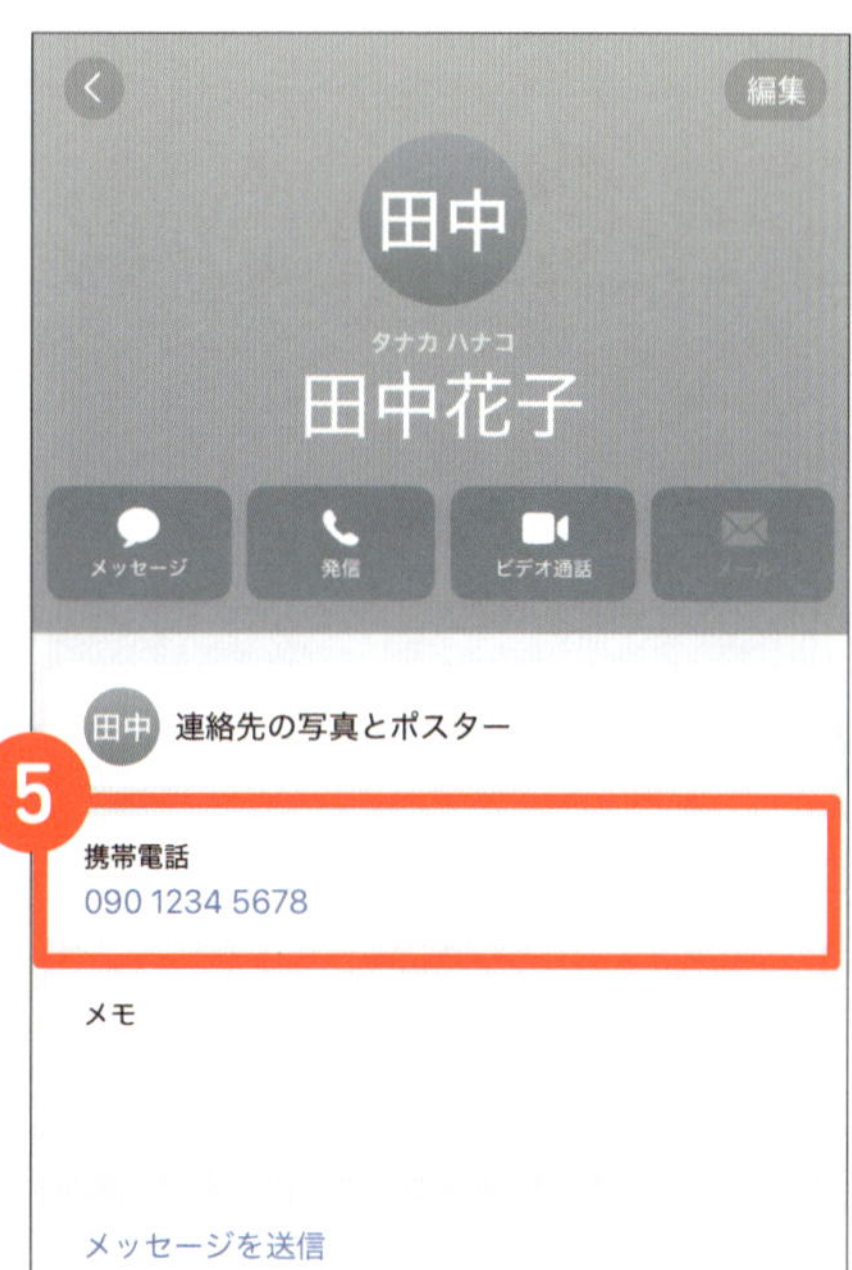

❺連絡先が登録された。電話番号をタップすると、電話をかけられる。

Androidの場合

❶ホーム画面を下部から上方向にスワイプする。

❷アプリ一覧画面から「連絡帳」アプリをタップ。

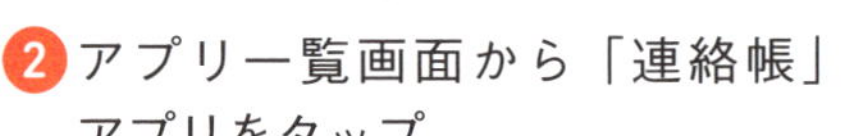

❸画面右下の「＋」をタップ。

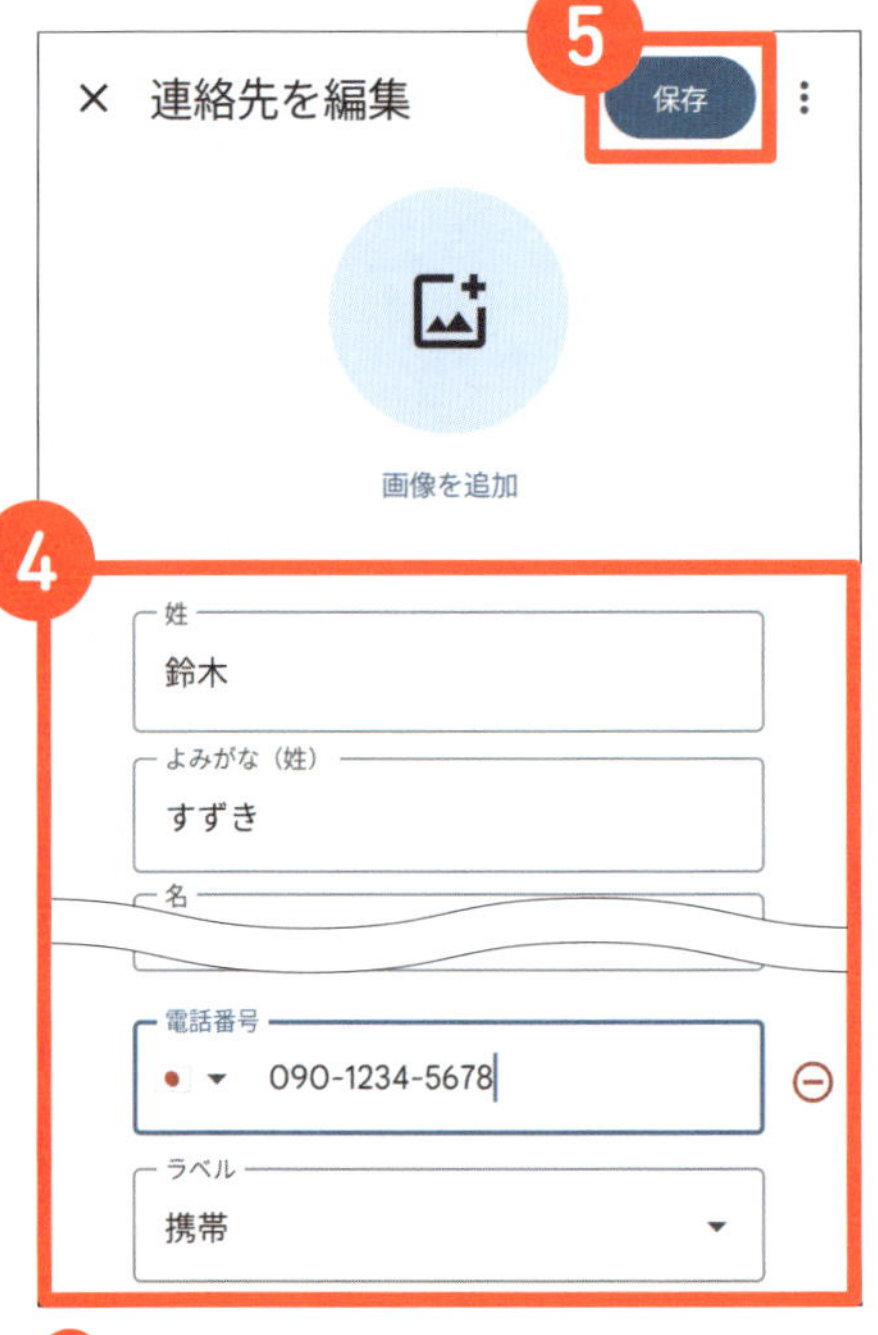

❹名前や電話番号などを入力する。

❺完了したら、画面右上の「保存」をタップ。

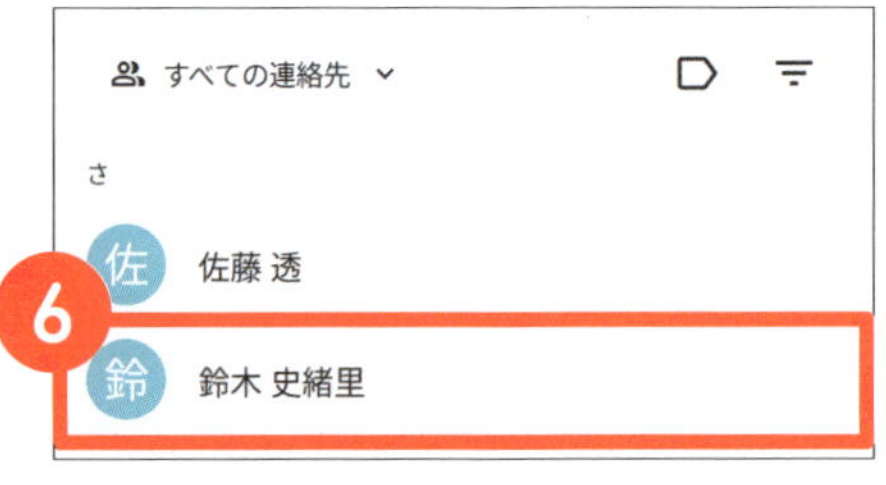

❻連絡先が登録された。

❼連絡先の詳細から電話番号をタップすると、電話をかけられる。

いざというときに役立つ！　スクリーンショット

「先生、どうもありがとう。スクリーンショットが撮れるようになってとても助かったわ！」

以前、スマホ講座でスクリーンショットの撮り方や使い方を解説したことがあり、その内容が実際に役立ったと、生徒さんからお礼の言葉をいただきました。**スクリーンショット**とは、スマホの現在の画面を写真のように撮影する機能です。

どんな場面で役立ったのか、具体的に聞いてみました。

「インターネットを使っていて、突然『ウイルスに感染しました！』という画面が出てきたの。もうびっくりして……。でも、一度冷静になって、先生から習ったスクリーンショットを撮影したの。それを息子に見せたら、よくある嘘の表示だよ、気にしないで、と言われて安心したわ」

このように、**何かトラブルが発生して、誰かに聞きたいときは、証拠としてスクリー**

ンショットを撮影しておく癖をつけましょう。特に、問題を詳しく伝えたいときや、後で確認したいときに便利です。

スクリーンショットが役立つ場面は、トラブルのときだけではありません。たとえば、こんなときに役立ちます。

- **新幹線や飛行機などをオンライン予約した際、予約番号を控えておく**
- **オンラインで読んだ気になるニュース記事を保存しておく**

スクリーンショットは、スマホの画面をそのまま保存するため、手書きよりも正確です。

ホテルの予約

スマホの画面の写真が撮れる！

スクリーンショット（スクショ）の撮り方

iPhoneの場合

❶撮影したい画面を表示し、本体の右側にあるサイドボタンと、左側にある音量ボタンの上側（音量大）を同時に押す。ホームボタンがある場合は、サイドボタンとホームボタンを同時に押す。

❷すると、スクリーンショットが撮影されて、「写真」アプリに保存される。

❸「写真」アプリをタップして起動する。

❹保存したスクリーンショットをタップ。

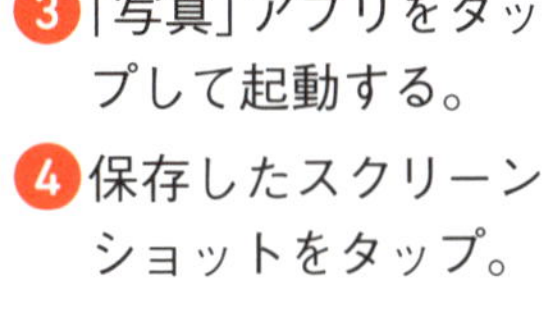

❺先ほど撮影したスクリーンショットが拡大表示される。

Androidの場合

① 撮影したい画面を表示し、本体の右側にある電源ボタンと音量ボタンの下側（音量小）を同時に押す。

② 「フォト」アプリをタップして起動する。

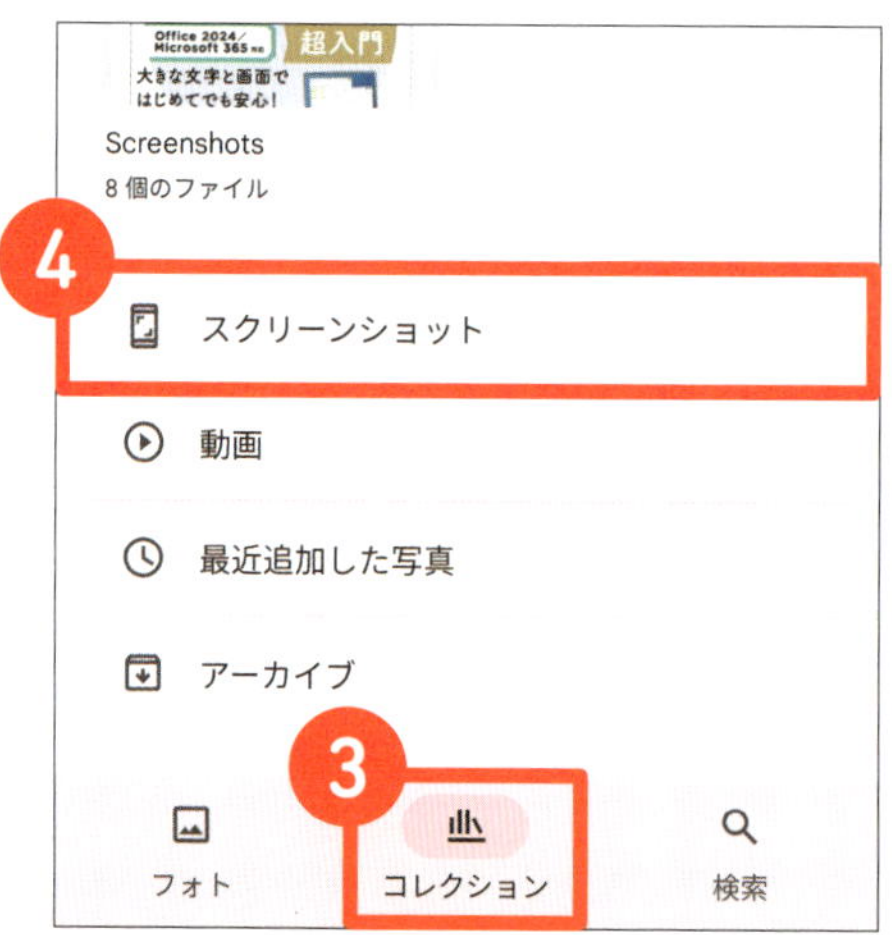

③ 「コレクション」をタップ。

④ 「スクリーンショット」をタップ。

⑤ 先ほど撮影したスクリーンショットを確認できる。

契約するときの「ギガ」ってなんのこと？

「スマホを契約するときのギガってなんですか？」

契約内容をすべて理解するのは難しいもの。生徒さんのお話を聞くと、店員さんに言われるままに契約した、という方も多いと感じます。改めて、契約する際に必ず目にする「ギガ」について説明します。

「**ギガ（GB）**」は、**スマホで扱うデータ量の大きさを表す単位**です。インターネットでウェブサイトを見る、アプリをダウンロードするなど、インターネット通信をすると持っているギガ（データの通信可能サイズ）を消費します。月々のギガを使い切ると、速度制限がかかって、インターネットが非常に遅くなってしまいます。なお、1ギガでできることの目安は、次のページの通りです。ギガが大きいプランになるほど料金も高くなるので、自分がどのくらいインターネットを使うのかを考えて契約する必要があります。インターネットをあまり使わない方は1～5ギガ程度、たくさん使う方は20ギガ

1ギガでできること（目安）

ウェブサイトの閲覧	約 3000 ～ 5000 ページ
動画の閲覧	標準画質で約 2 ～ 3 時間、高画質で約 1 時間
LINE の送受信	文字だけで約 50 万回、 ビデオ通話で約 2 ～ 3 時間

程度、あるいは使い放題プランを契約することが多いです。

ギガを気にせずたくさん動画を見たい、家族みんなでインターネットを使い放題にしたい……そんな場合は、自宅に**Ｗｉ－Ｆｉ（ワイファイ）**を導入することを検討するとよいでしょう。Ｗｉ－Ｆｉは無線でインターネットを利用できる技術のことです。家にＷｉ－Ｆｉ環境を作れば、家ではスマホのギガを消費しなくなります。Ｗｉ－Ｆｉはスマホだけでなく、パソコンからも使えます。

スマホと同じで、通信会社によってＷｉ－Ｆｉの利用料金は異なります。スマホの回線契約と同じ通信会社を選ぶと割引になることも。気になる場合は、スマホを契約したお店の方やご友人、お子さんなど、周囲の詳しい方に聞いてみましょう。

気づかないうちに……サブスク泥沼物語

私の講義をオンラインで受講している、70歳の男性の生徒さん。スマホを使いはじめたのは数年前で、家族写真や日常の何気ない生活を撮るのが日々の楽しみでした。

ある日「**ストレージ（保存容量）がいっぱいです**」という通知が届きました。画面に表示された案内に従い、指示通り操作すると、写真の保存が再び可能になり、一安心。しかし、そのとき男性は「月額３００円」の小さな文字に気づきませんでした。

それから数ヶ月後、ご家族がスマホ料金を確認した際、課金されていることに気づきます。「**おじいちゃん、これ課金されているよ！**」ここで初めて、自分が有料サービスを契約していることを知り、大変驚いたとのこと。

「無料」の文字に踊らされないで！

サブスクリプション（サブスク）契約は、定期的に自動で課金される仕組みのサービスです。映画が見放題になったり、写真をたくさん保存できたりするなど、さまざまなサブスクサービスが存在します。中には最初から有料で契約するものもあれば、「3ヶ月間無料」などの無料期間が設けられ、その後自動的に費用が発生するものもあります。いずれにせよ、「知らない間に支払っていた」ということがないようにしましょう。次の点に注意して、不要なサブスクを契約しない、もし契約してしまっていたら解約するようにしてください。

- **契約内容や通知内容をよく確認する**
- **サブスクの契約内容を定期的に見直す**
- **よくわからない場合は家族や友人に相談する**

知らないうちに契約したサブスクを解除するには

サブスクの確認方法・解除方法

iPhoneの場合

App Storeでサブスクの確認・解除を行う

❶「App Store」をタップして起動する。

❷画面右上のアカウントのアイコンをタップ。

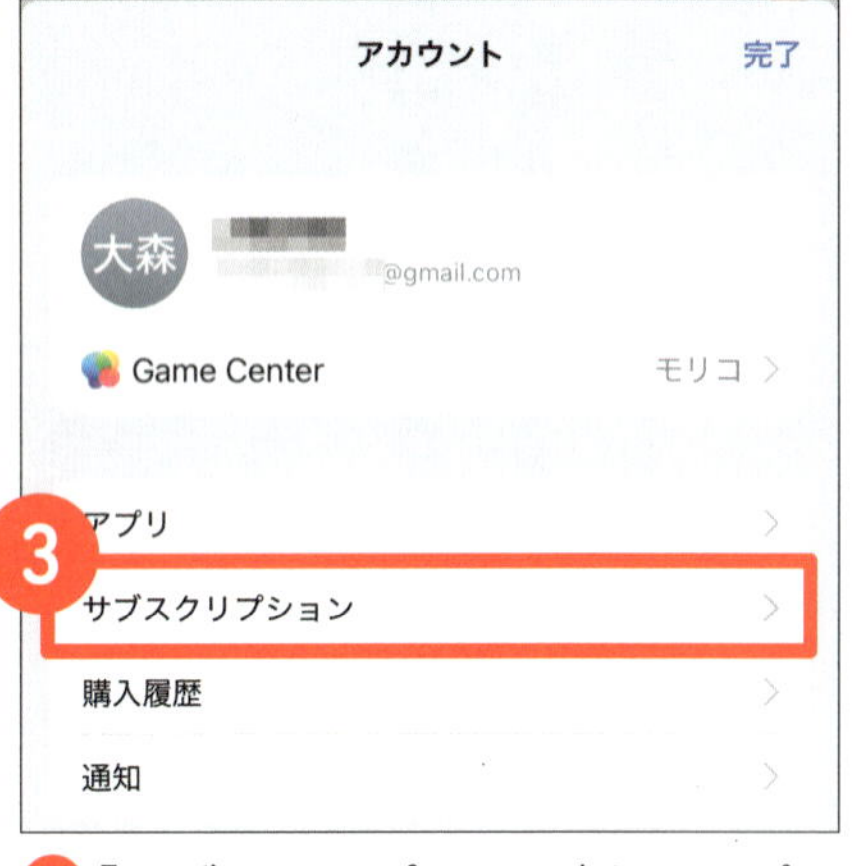

❸「サブスクリプション」をタップ。

❹サブスクリプションの一覧から、解除したいアプリの名前をタップ。

❺「サブスクリプションをキャンセル」→「確認」をタップして、サブスクリプションを解除する。

Androidの場合

Playストアでサブスクの確認・解除を行う

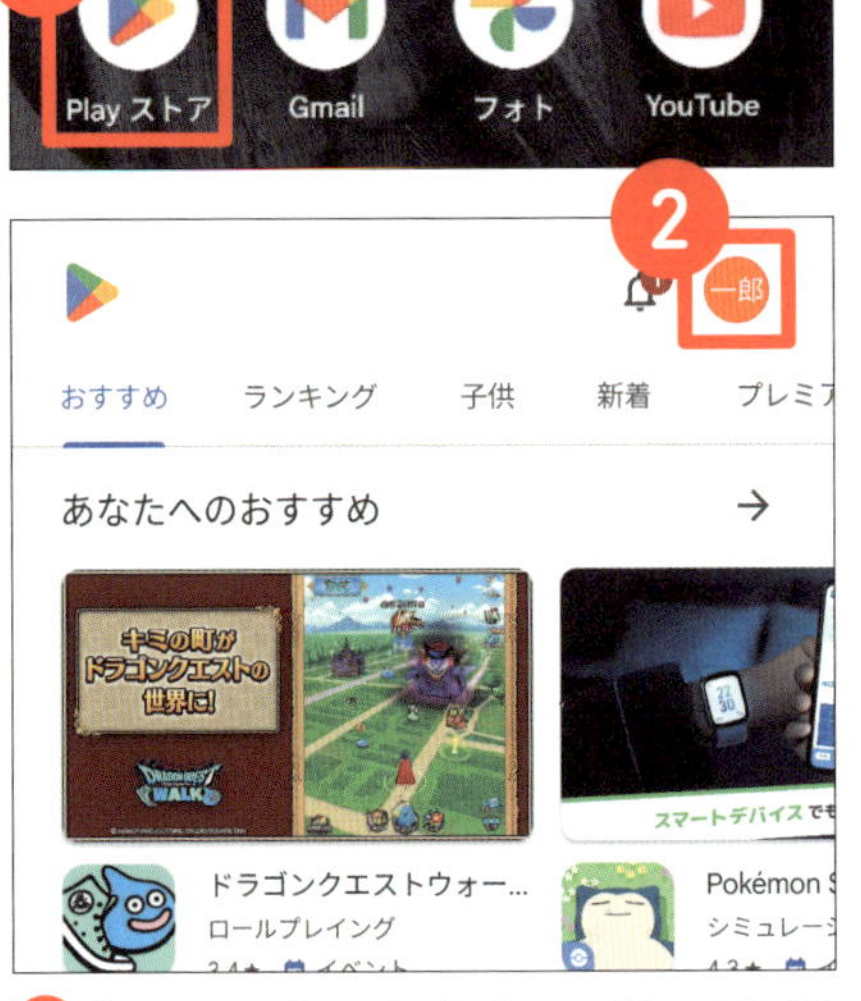

❶「Play ストア」をタップして起動する。

❷画面右上のアカウントのアイコンをタップ。

❺サブスクリプションの一覧から、解除したいアプリの名前をタップ。

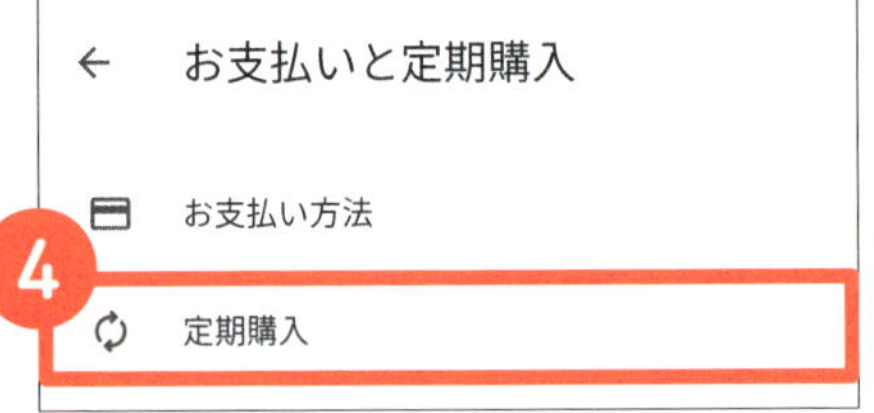

❸「お支払いと定期購入」をタップ。

❹「定期購入」をタップ。

❻「定期購入を解約」→「定期購入を解約」をタップし、サブスクを解除する。

「スマホをなくした！」に備えて

85歳の、とある生徒さんの例を挙げてみましょう。

久しぶりに学生時代のお友だちと再会し、一日中楽しい時間を過ごしました。美術館を訪れ、喫茶店でおしゃべりを楽しみ、カラオケで歌い、次回の再会を約束してウキウキしながら帰宅したそのとき、気がついたとのこと。

「あれ、**スマホがない！**」

一体いつ、どこで失くしたのか、まったく心当たりがありません。このような事態、考えるだけでもゾッとしますよね。

しかし、スマホを紛失するのを恐れて持ち歩かないのでは、スマホの便利さを十分に受けることができません。大切なのは、万が一の事態に適切に備えておくことです。

そこで役立つのが、**「探す」機能**です。

「探す」機能は、スマホがどこにあるのかを地図上に表示してくれる機能です。**この機能を使うには、「設定」アプリで事前に「探す」機能を有効にしておく必要があります**。

万が一スマホを紛失した場合は、別の端末（パソコンやタブレットなど）で「探す」サービスを開き、スマホと同じＡｐｐｌｅ ＩＤまたはＧｏｏｇｌｅアカウントでログインします。すると、スマホの現在の位置を確認することができます。

先の生徒さんの場合、自宅のパソコンから「探す」サービスを使い、スマホの位置を確認したところ、最寄りの駅の落とし物センターにあることが判明しました。どうやら電車に置き忘れてしまったようで、回収された後でした。次の日、急いで駅に行き、無事にスマホを取り戻すことができたとのことです。

「探す」機能には、遠隔操作でスマホから音を鳴らす機能もあります。もしスマホが近くにあれば、音で見つけることができる便利機能です。外でスマホをなくすだけでなく、家の中で見当たらなくなった場合にも役立ちます。リビングにスマホを置き忘れたときや、カバンの中で見失ったときにも、すぐに発見できるでしょう。

紛失したiPhoneを見つけられる便利機能

iPhoneの「探す」機能の使い方

iPhoneの場合

事前に「探す」機能を有効にしておく

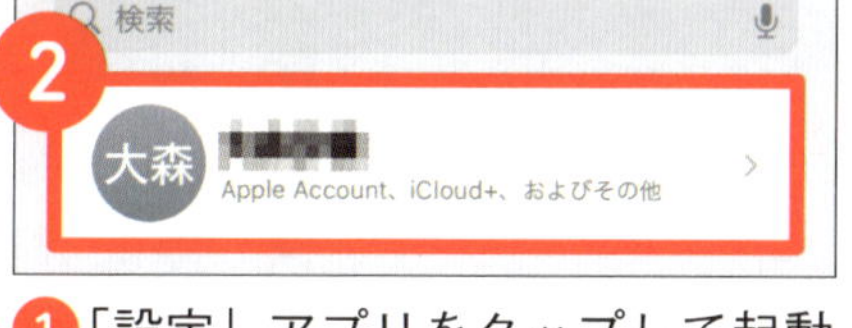

❶「設定」アプリをタップして起動する。

❷自分のアカウント名をタップ。

❸「探す」をタップ。

❹「iPhoneを探す」をタップ。

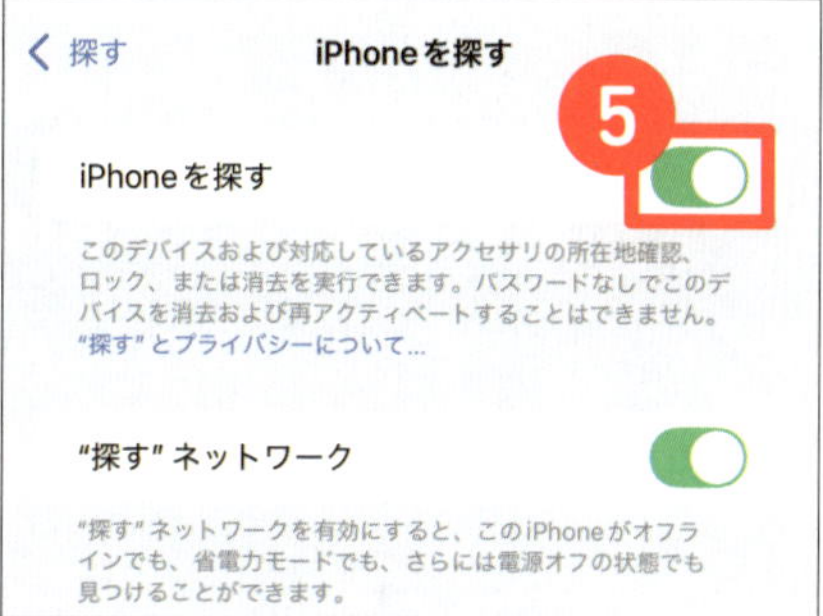

❺「iPhoneを探す」のスイッチをタップして緑色にする。これで「探す」機能が有効になった。

iPhoneの場合

iCloudの「探す」でiPhoneを探す

❶パソコンやタブレットのSafariで「https://www.icloud.com/」にアクセスする。

❷「サインイン」をタップ。

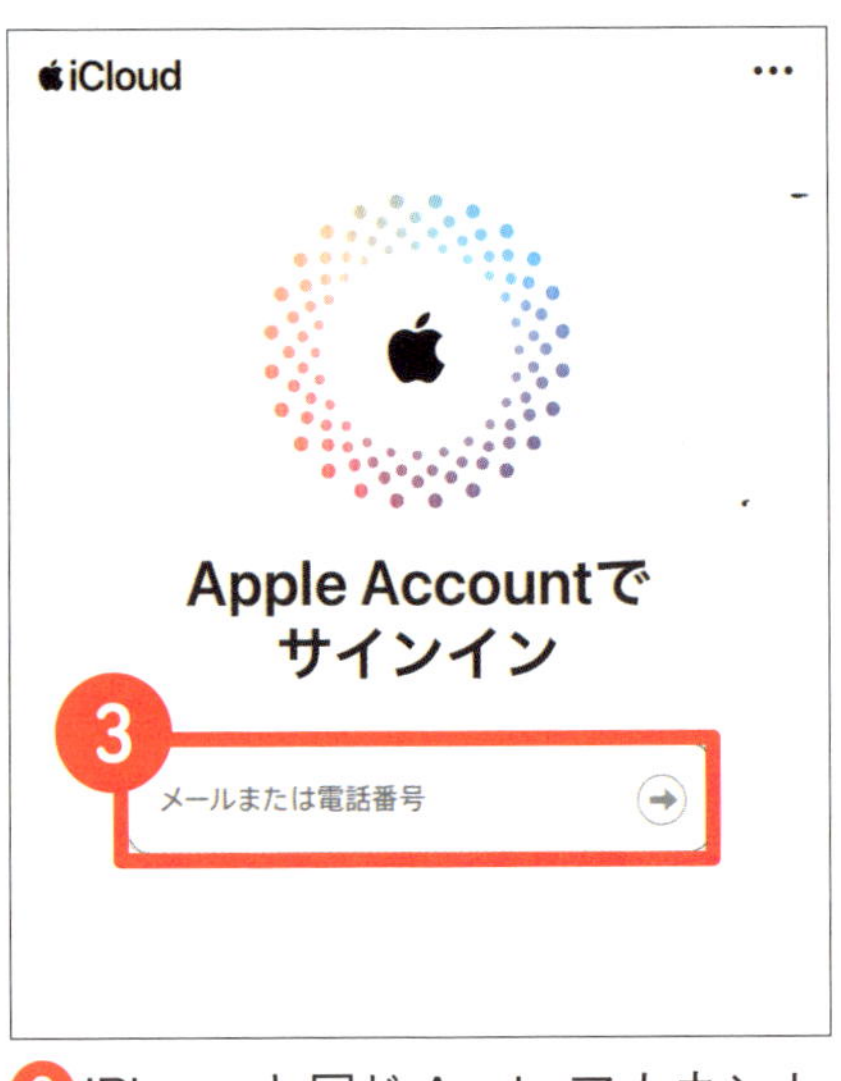

❸iPhoneと同じAppleアカウントでサインインする。

❹「探す」をタップ。

❺地図上にiPhoneの位置情報が表示されるので、場所を確認しよう。

紛失したAndroidを見つけられる便利機能

Androidの「デバイスを探す」機能の使い方

Androidの場合

事前に「デバイスを探す」機能を有効にしておく

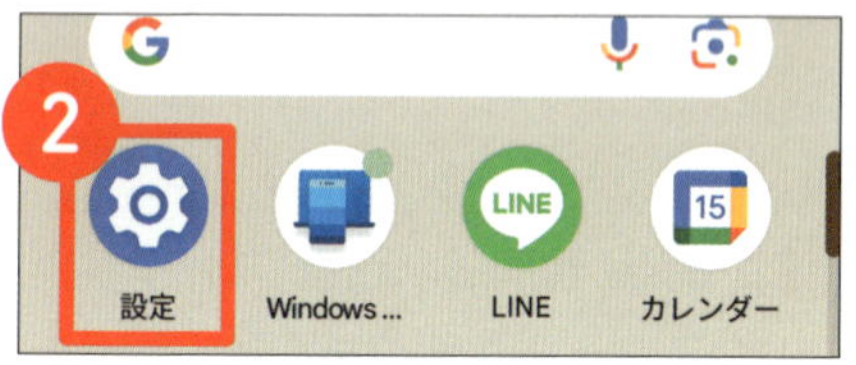

❶ホーム画面を下部から上方向にスワイプする。

❷アプリ一覧画面から「設定」アプリをタップ。

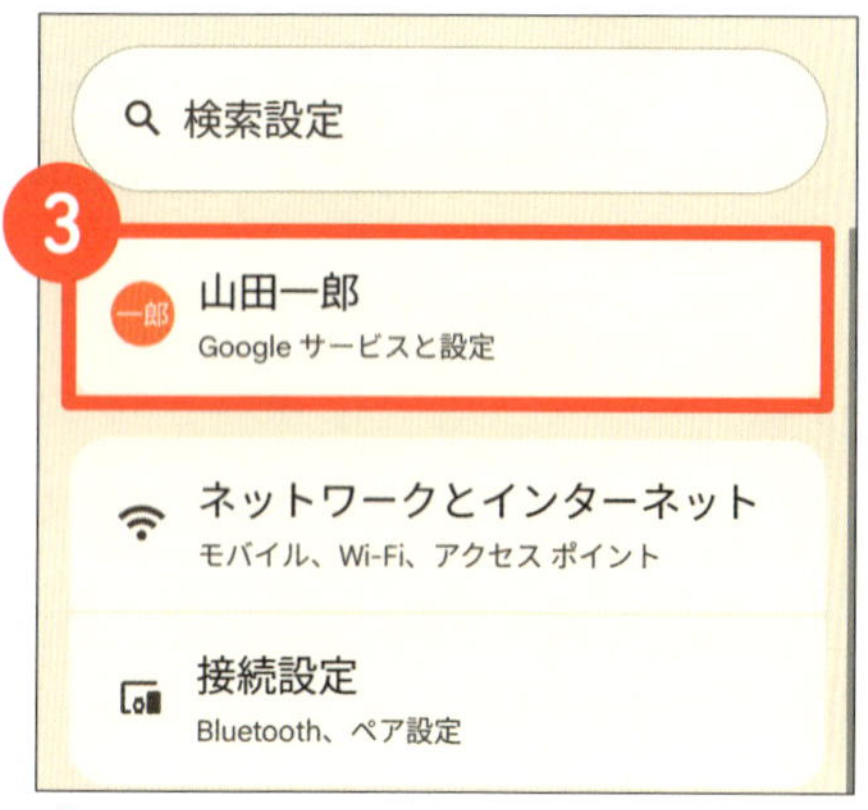

❸自分のアカウント名をタップ。

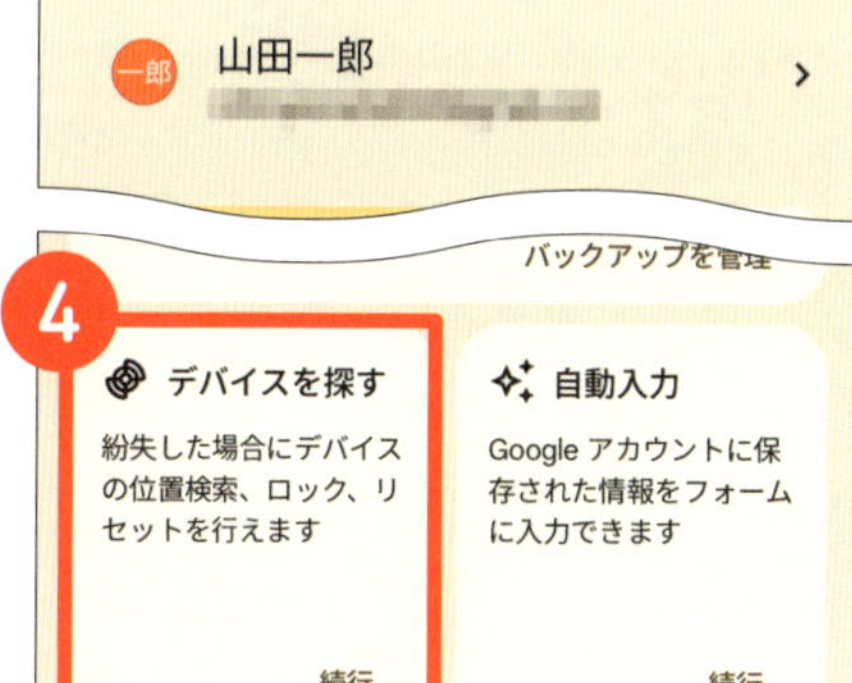

❹「デバイスを探す」をタップ。

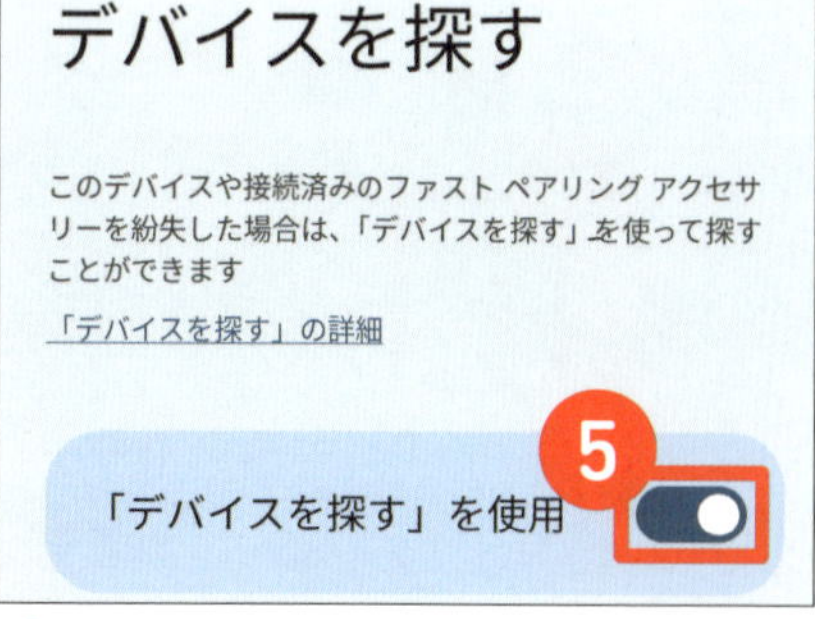

❺「デバイスを探す」のスイッチをタップして青色にする。これで「探す」機能が有効になった。

Androidの場合

Googleの「デバイスを探す」でAndroidを探す

❶パソコンやタブレットで Google ブラウザを開き、「https://www.google.com/android/find/」にアクセスする。

❷「ログイン」をタップ。

❸Android と同じ Google アカウントでサインインする。

❹地図上に Android の位置情報が表示されるので、場所を確認しよう。

「探す」機能をあらかじめ有効にしておき、いざというときに備えましょう！

パスワードを忘れてしまった！

数か月間、スマホ講座に参加されていた87歳の男性の生徒さん。すっかりその便利さと楽しさに気づき、自分でも積極的にサービスを利用して楽しんでいる様子でした。しかし、そんなある日、彼が困った様子で話しかけてきたのです。

「**先生、参ったよ。パスワードが通らないんだ**」

どうやら、アプリやサービスにログインするためのパスワードを忘れてしまったようです。確かに、講座の中で私は「同じパスワードを使い回さないようにしましょう。サービスごとに異なるパスワードを設定してください」とお伝えしていました。これは、万が一パスワードの1つが流出した場合でも、他のサービスに影響を与えないようにするための工夫なのですが……。

「やっぱり、いくつもパスワードを覚えておくのには限界があるよ。どうすればいいんだろう？」

彼の言葉に、私も思わずうなづいてしまいました。

店員さんが用意してくれた紙にヒントが

そんなとき、私はある女性の生徒さんのお話を思い出しました。

「とっても親切な店員さんだったの。この方のおかげで、トラブルも回避できたわ」

その生徒さんは長年ガラケーを使っていたのですが、サービス終了に伴い、やむなくスマホに機種変更することにしました。はじめてのスマホに不安を感じつつ、携帯電話ショップに足を運んだそうです。しかし、心配とは裏腹に親切な店員さんが出迎えてくれ、機種選びから初期設定まで、根気強くサポートしてくれたといいます。

そのとき、店員さんが「今後も必要になるでしょうから」と、ある用紙を渡してくれました。そこには、**彼女が設定したＡｐｐｌｅ ＩＤ、Ｇｏｏｇｌｅアカウント、ＬＩＮＥアカウントなどの情報が書かれていました**。当時はその重要性をよく理解していなかったそうですが、「なくさないようにしてくださいね」と念押しされたため、しまっておいたとのこと。そして、その後の出来事で重要性を実感することになります。

数年後、新しいスマホに機種変更した際、データの移行を手伝っていた娘さんから

「ＬＩＮＥのパスワード、覚えてる？」

と聞かれました。残念ながらパスワード自体はすっかり忘れてしまっていたものの、彼女はあのときの用紙を思い出し、すぐに取り出しました。そこには、ＬＩＮＥのパスワードが書かれています！　無事、ＬＩＮＥの移行が成功したのでした。

「これだ！　アカウントを設定したら、忘れないうちに書き留めておけるような、ノートを作ればいいんだ！」

それから私は、生徒さんに「**パスワード整理ノート**」を提案することにしたのです。

自分だけの「パスワード整理ノート」を作ろう

これからスマホをたくさん使っていく皆さんも、さまざまなサービスを登録するたびに、新しいアカウントを作るでしょう。もし新しいアカウントを作ったら、忘れないうちに書き留めておくための「パスワード整理ノート」が役立ちます。自分が忘れてしまったときに再確認できますし、もし**他の人が代わりに対応する場合**でも、スムーズに操作できます。最近のスマホには、アカウント情報を保存してくれる便利なアプリもありますが、顔認証や指紋認証が必要なため、他の人には使いづらいこともあります。そのため、アナログですが紙に残しておくことも、有効だと考えています。

ノートを紛失したらおしまい？

「そんなアナログな方法で管理して大丈夫なの？　**もしノートを紛失したらどうする**

の？」という疑問を抱く方もいらっしゃるでしょう。しかし、手書きのノートでも、いくつかの工夫をすることで、安全に保管することができます。

まず、ノートにはカバーを付けて「パスワード帳」など、内容がすぐにわかってしまうような題名は避け、「旅行記」など、**それがパスワード管理ノートであることが推測されにくい題名をつける**とよいでしょう。これにより、万が一他の人に見つかっても内容が分かりにくくなります。

また、**家の中でも特に安全な場所に保管し、他の人に見られないようにしましょう**。たとえば、鍵付きの引き出しの中や、工夫しないと見つかりづらい場所などにしまっておくことをおすすめします。さらに、ノートの内容を自分以外の人に知られたくない場合は、**本人にしかわからないヒントだけを記入することも**有効です。

今回、本書の付録として、パスワード整理ノートを作りました。次のページに記入時の注意点をまとめていますので、併せてご確認ください。

パスワード整理ノートの上手な使い方

ある日、生徒さんが自分で作ったパスワード整理ノートをお持ちになり、「自分でもわからない」とのご質問が。中を見ると、たくさんのＩＤやパスワードが記載されていましたが、それらが何のサービスのアカウントなのかが記されていません。

また、ノートには同じようなメールアドレスがあちらこちらに書かれていました。アカウントのＩＤは、メールアドレスを使う場合と、そうでない場合があります。ただのメールアドレスなのか、アカウントのＩＤなのかがわからなくなっていたのです。

対策としては、**何のサービスのアカウントとパスワードなのかを明記すること**。1つのサービスはひとまとまりにして、他のサービスと混ぜないように書きましょう。またサービスによっては、さらに「第2の認証方法（2段階認証）」や「秘密の質問」などを設定する場合もあります。それらも記載しておきましょう。

- 大文字の「o（オー）」と数字の「0（ゼロ）」の記入ミス
- 小文字の「l（エル）」と数字の「1（イチ）」の記入ミス
- 記号の「-（ハイフン）」「_（アンダーバー）」「~（チルダ）」などの記入ミス
- 「MyPassword」と「My Password」のような、スペースの入れ忘れ

見た目が紛らわしい英数字や記号も存在します。読み間違えを防ぐためにも、特に上記のような点に気をつけて、書き写すようにしましょう。

パスワード整理ノートを書き終わったら、書いた内容を見ながら、そのサービスにログインできるか確認しましょう。これで、内容に転記ミスがないかチェックすることができますよ。

安心、快適なスマホライフは、しっかりとした情報管理があってこそ。アナログなノートですが、これもまた、デジタルライフを楽しむための**転ばぬ先の杖**といえるでしょう。ぜひ、今日から使ってみてください！

著者プロフィール

川島玲子

（いなわくTV｜36万人）

YouTubeチャンネル「いなわくTV」を運営。東京都町田市にて初心者やシニア向けにパソコン・スマートフォンの使い方をわかりやすく解説するICT講師。「わからないをわかるに変える・楽しく学ぶ」を理念に、多くの企業研修やオンライン講座でも活躍。全国の視聴者から「わかりやすい」「できるようになった」との声が多く寄せられており、本書では単なる技術解説にとどまらず「人生を豊かにするデジタル活用法」を提案。初心者でもすぐに実践できる便利な使い方やデジタルを活かす知恵を具体的にわかりやすく紹介している。

著書に【いなわくTV式20日で身につくPC＆スマホ集中講座】（ワン・パブリッシング）や日本経済新聞では専門家として掲載。趣味はピアノと週末の御朱印巡り。

YouTubeチャンネル「いなわくTV」

@inawakutv

「いなわくTV」公式ホームページ

https://inawakutv.com

QRコードを読み取ると、本書の補足動画をYouTubeでご覧いただけます。

本書に関するお問い合わせ

この度は小社書籍をご購入いただき誠にありがとうございます。小社では本書の内容に関するご質問を受け付けております。本書を読み進めていただく中でご不明な箇所がありましたらお問い合わせください。

本書サポートページ https://isbn2.sbcr.jp/30591/

かんたん！ 安全！ 70歳から楽しむスマホの使い方

2025年 5月5日　　初版第1刷発行

著者　川島 玲子
発行者　出井貴完
発行所　SBクリエイティブ株式会社
〒105-0001 東京都港区虎ノ門2-2-1
https://www.sbcr.jp

企画・編集　澤田竹洋、鈴木 葵（浦辺制作所）
制作　関口 忠
装幀　西垂水 敦・岸 恵里香（krran）
装画・挿絵　タカヤユリエ
印刷・製本　株式会社シナノ

Printed in Japan ISBN 978-4-8156-3059-1